水果政治學

兩岸農業交流十年回顧與展望

焦鈞 著

Excellent
財團法人卓越新聞獎基金會
獎助出版

Excellent
卓越新聞獎 21

水果政治學
兩岸農業交流十年
回顧與展望

國家圖書館出版品預行編目（CIP）資料

水果政治學：兩岸農業交流十年回顧與展望 / 焦鈞著 . -- 初版 . -- 高雄市：巨流，2015.12
面；　公分

ISBN 978-957-732-511-2（平裝）

1. 農業政策　2. 兩岸交流　3. 文集

431.107　　104024643

著　　者　焦鈞
責任編輯　張如芷
封面設計　Lucas

發 行 人　楊曉華
總 編 輯　蔡國彬

出　　版　巨流圖書股份有限公司
80252 高雄市苓雅區五福一路57號2樓之2
電話：07-2265267
傳眞：07-2233073
e-mail: chuliu@liwen.com.tw

編 輯 部　23445 新北市永和區秀朗路一段41號
電話：02-29229075
傳眞：02-29220464

劃撥帳號　01002323 巨流圖書股份有限公司
購書專線　07-2265267 轉 236

法律顧問　林廷隆律師
電話：02-29658212

出版登記證　局版台業字第1045號

巨流

ISBN / 978-957-732-511-2（平裝）
初版一刷 · 2015 年 12 月
初版三刷 · 2016 年 11 月

定價：450 元

出版緣起

為優質新聞與傑出記者而努力

卓越新聞獎基金會是爲了肯定和獎勵優秀新聞記者而成立的。

新聞記者此一專業的特殊性，在於一個記者不論隸屬於哪個媒體，或擅長哪種路線，都應該是秉持報導事實眞相、維護社會公益的前提去進行每日的新聞工作。記者不該只是一種謀生的職業，它頂著民主社會第四權的冠冕，又揭櫫言論自由的崇高價值，再加上自主性極強的作業方式，讓記者行業經常充滿個人主義色彩，有時又帶一點英雄主義氣質。

相較於學者專注與知識體系對話，記者較了解如何與社會大眾溝通。又由於經常站在重大事件的現場，他們必須目睹眞相，見證歷史。在他們深入淺出、肌理生動的筆觸下，影響人類歷史的重大事件或關鍵人物，乃躍然紙上，栩栩如生。無怪乎在許多西方國家，最受歡迎的歷史人物傳記，往往出自於有新聞工作背景者之手。

當前臺灣的媒體環境實在令人很不滿意，不但有過於追逐市場、短視近利的經營心態，又缺少身爲社會公器的組織自覺。一些優秀的新聞從業人員，在一開始有著滿腔熱情，卻囿於大環境，終究無法施展抱負，而挫折失望。

卓越新聞獎書系的出版計劃，就是爲了鼓勵那些有志新聞專業，始終不放棄理想的傑出的資深記者，能將多年來在工作中的見聞和心得，經有系統的分析、整理後，以專書出現。這一書系的出版目的一則是要彌補報紙、雜誌或因篇幅有限，或因市場考量，所造成的題材限制；二則強調對特具意義的議題能有論述、剖析的深度與廣度。

此外，我們也希望引介國外優秀的新聞作品，讓他山之石作爲本土借鏡，透過精良的譯筆，讓國內實務新聞工作者，及有志入行的傳播科系學生，也能有見賢思齊的機會。

今日的新聞，有可能是明日的歷史。新聞記者想做第一線的歷史記錄者，其工作品質的良窳，乃直接影響公眾耳目的清暗和善惡判斷。如果此一書系的出版，對臺灣記者的專業品質、工作經驗累積，以及工作成果發表能有貢獻，那我們的努力便沒有白費。

卓越新聞獎基金會第二屆董事長

蕭新煌

目錄

差異化策略　開創外銷新藍海

蔡復進（高雄市政府農業局局長）

我與焦兄熟識近二十年，了解他從原先服務的媒體業，因緣際會轉進農產運銷工作，十年來由一位水果門外漢，努力學習轉變成為臺灣水果外銷的推手，協助臺灣農業進軍國際，他的用心著實令人感佩。

以小農為主體的臺灣，面對全球化的市場，國外水果大舉入侵之際，開拓國際市場確實是紓解臺灣農產品超額供給壓力的方案之一。但生鮮水果外銷與工業產品不同，從生產、採收後處理、包裝、儲運、通關、上架種種流程都是關鍵，缺一不可，說生鮮農產外銷是一項專業的學門一點也不為過。

正因為外銷與內銷做法大有不同，單純的臺灣水果就成為各界覬覦的對象，尤其是中國大陸市場，商機看似無限卻也處處隱藏危機，廣大卻不透明的環境讓政治勢力有機可乘，也使得單純的水果沾染濃濃政治味。焦兄以自身投入鮮果外銷十年的第一線經驗，深入淺出娓娓道來臺灣水果外銷的問題與困境，以及原本單純的貿易行為最後終於成為臺灣官僚文化群體盲思與政治圖騰的犧牲品，值得吾人省思。

水果種植是農學，是科學，水果販售是行銷學，是經濟學，但都絕對不是政治學。臺灣的農產品出口競爭力雖然不強，但仍可參考歐美等國之先例，用加強品牌與食品安全之策略來發展海外行銷，更重要的是採取以品質取勝的市場區隔策略，方能在國際市場上與其他國家一爭長短。

希望透過本書的發行，讓政府、生產者與業者以過去十年的慘痛經驗為借鏡，拒絕政治力介入，回歸市場機制，以臺灣的農業實力，與硬頸打拼的精神，相信一定能開拓出外銷新藍海。

二〇一五年十一月

臺灣水果不要政治味

樊中原（銘傳大學主任秘書）

兩岸關係從臺灣解嚴以來，一直是一個攸關臺灣生存發展的重要議題，但參與其間的都是政治人物、臺商、或是學者專家與媒體從業人員，即使是開放旅遊以後，遊走兩岸的人士已如過江之鯽、包羅萬象，但是農民在兩岸關係中依然屬於被忽略的族群。一直要到二〇〇五年大陸開放臺灣水果進口並給予零關稅待遇，打開了兩岸關係中的農業交流大門，而農業相關人口又遠遠超過臺商，農民與農業又是兩岸立國之本，也是政治或選舉中最需要著力之處，因此本書所標舉的「水果政治學」，當然就成爲兩岸關係中的顯學。

俗語說：「外行人看熱鬧，內行人看門道」，本人是政治專業博士，當然懂得政治的權力問題，但對買賣水果卻是門外漢，有幸這本書我有機會看了兩遍，第一遍是半年前本書尚未出版，我因緣先看到作者自印的草稿，當時是用看熱鬧的心理，想要了解焦鈞兄十年來從事兩岸農業交流的心得，對於臺灣如何打出水果王國的名號？臺灣農民在農產品外銷大陸以後，是否找到了出路與生機？大陸各省領導紛紛來臺下鄉採買，民眾在大陸購買臺灣水果的新聞，也不時在媒體登版，火紅一片的水果市場背後，到底隱藏著哪些不爲人知的祕密？從焦鈞兄深入的描述，確實滿足了我求知慾，也覺得該讓更多人了解兩岸農業交流的實況與臺灣農民的困境。幾個月後，焦鈞兄來電要我爲本書寫一篇序文，我毫不考慮就答應了，因爲我本來就覺得這是一本值得一讀的好書。爲了盡責，又花了一個禮拜的時間，仔細將本書從自序到附錄反覆讀了一遍。這次是用看門道的心理，因此是從政治人的角度來分析本書，是否對於處理兩岸政治現實問題有所助益？兩岸政治人物如何操作臺灣水果議題？如何從中獲益？兩岸和平發展是否因爲農民加入其中，獲得更穩固的基礎？尤其是在食安風暴與九合一選舉之後，買辦壟斷兩岸紅利的說法儼然已成定論，這也造成兩岸貨貿交流談判停滯不前，因此兩岸關係如何穩定發展？又成爲此次總統大選的關鍵問題。因此我抱著解惑的心理再次閱讀本書，想在書中找到答案，看到答案我就用筆畫下記號，覺得要再加深記憶之處，就用折角存記。看完以後，發覺折角與註記之處已不下二十餘處。這證明臺灣與中國大陸兩邊對「水果政治學所付出的代價不可謂不大」。

由於本書定義的水果政治學是焦鈞兄在兩岸農業交流十年中，從實踐過程中的經驗累積，是從農民、中間貿易商、通路商、消費者、官員的交往過程中，漸次開展出一套實務運作的經驗法則。他認爲只有服務政治的經濟行爲，違背市場自我，調適機制，就會導致兩岸農產貿易，被貼上「分配不公」、「買辦壟斷」的惡名，解危之道只有在尊重市場運作機制的前提下，考量生產者，中間商與消費者三方利益，才比較容易找到分配的平衡點。這是焦鈞兄親身參與兩岸農業交流十年的肺腑之言，雖然不是什麼高言宏論，但這都是他從學院派的政治社會學理論，與歷經政治場域、田間農民，果菜運銷公司，兩岸農產市場得到的豐富田野調查資料，爬梳整理而來。

焦鈞兄是一位執著於理念的工作狂，不論是在研究所攻讀，或是不同時間的工作職場，他一定要把該做的事情做好。由於他的個性使然，才會把寫好的書再擱上一年才出版，這就是一種認眞負責的態度，因此讀者可以相信他在書中的記事與論述。本人也認定這是一本兩岸農業交流的重要參考書，更是了解兩岸政治關係的筆記書，即使是用看小說的心情來閱讀，本書內容也引人入勝，是可以讓人一口氣就想讀完的故事書。恭喜焦鈞兄完成大作，也爲兩岸農業交流立下了里程碑，讀者也可以從本書中，找到你所想要的知識與故事。

二〇一五年十月二十三日

對兩岸交流要多包容

陳先才（廈門大學臺灣研究院政治所副所長、兩岸關係和平發展協創中心平臺執行長）

焦鈞兄的大作《水果政治學：兩岸農業交流十年回顧與展望》書稿擺在我的案頭，甚是欣慰。與焦鈞兄相識已有六、七年之光陰，我每次赴臺都有機會與臺北一干好友在莫宰羊小聚，焦鈞兄就是其中的一位。焦鈞兄曾經親身經歷了兩岸農業交流的歷程，他將自己對兩岸農業交流，特別是水果交流的親身體驗、親眼觀察和體會，撰書立著，這是一件非常值得肯定的事情。

焦鈞兄從歷史縱深之角度，把握大視角，既涉及臺灣島內過去十多年藍綠政治結構之變遷，又抓住兩岸關係互動發展之歷程，特別是從兩岸政黨交流的面向來觀察，有大局觀，亦有不少細節爲佐證，也使得本書的價值得以彰顯。

焦鈞兄在文中強調「臺灣水果已經不是單純的水果，而是一套水果政治學了」，這句話彰顯作者對兩岸交流的觀察相當細微。兩岸問題絕非小，交流中的任何一件小事都足以使雙方的互動生變。

兩岸關係的複雜程度非一般人所能理解與掌握。如果將兩岸關係置於宏大的國際社會背景之下，人們在國際關係中很難再找到類似兩岸關係的案例。這是值得兩岸人民好好思考之處。事實上，兩岸關係的複雜性不只是集合了所有國際行爲體相處之間的各種複雜的政治、經濟、軍事、安全及交流等矛盾與衝突的一面，而且還涵蓋了其他行爲體之間所缺乏的情感、統獨及文化之關聯性。是故，任何對兩岸問題之關注與研究，其視角不可太小，太小則會落入偏頗不全的境地，甚至還會附帶自己的主觀情緒。因此，兩岸關係的互動其實在很大程度上是受到很多結構性因素所制約。這是我們觀察兩岸互動的重要方面。

在兩岸關係無法完全走到正常化的情勢下，交流無疑會成爲兩岸之間互處的最重要形式。即便是二〇〇八年以來，兩岸關係和平發展局面之形成，但兩岸仍然無法在政治對話及軍事安全等議題上有所進展，這也說明，兩岸關係要完全實現正常化，兩岸雙方都各有其無法克服的困難，短期內不易達成，不能簡單歸咎爲政治領袖們的意願不足。因此，交流則是兩岸往來與互動的重要面向。客觀而論，即便是兩岸往來異常頻繁的今天，北京對臺的戰略重點還是以拓展交流爲主，希望交流能夠增進兩岸民眾之間的了解和信任。

客觀而論，農業交流一直是兩岸交流中的重要一環。在農業交流過程中，雖然有官方特別是國共兩黨的合力推動，但其實最大的動力和推力並不是國共合作平臺，而是民間的利益驅使。中國大陸自改革開放以來，它以市場經濟體制爲政策取向，因此，臺商與大陸合作當然是以利益爲導向的自發性作用，與政治的關聯其實並不大。單就兩岸農業交流中的水果合作而言，必須承認，大陸過去以來對臺灣水果的採購等作爲，不應從單一的面向來看待。一則是它本身就是兩岸之間農產品互通的正常形式，大陸市場有臺灣水果，但也有很多來自東南亞及日本等國家的水果。大陸消費市場之龐大，隨著大陸民眾收入的增長，當然需要更爲多元的商品來源，二是臺灣水果進入大陸市場的行爲，本身就有一定的政治意涵在內，畢竟在兩岸還未完全統一的情勢下，兩岸之間任何的往來都易於被貼上統戰之標籤，這在臺灣統獨明顯的社會中其實也可理解。大陸當然希望兩岸未來能夠走到一起，更希望透過水果交流，改變臺灣果農產品滯銷之困境，也希望他們能夠理解大陸的對臺政策。這些其實都是在情理之中，但不管如何，兩岸農業往來，水果銷往大陸，對臺灣現代農業之發展，自然很具正面意義，不宜用政治統戰等標籤來降低其意義。

當然，從臺灣太陽花學運以來，臺灣社會出現了對大陸的一些負面認知。筆者認爲，這並不是說兩岸交流的交往道路出了問題，也並不是國民黨的大陸政策出了問題。客觀而論，馬英九當局的兩岸和解路線本身並沒有問題，它是符合臺灣的最大利益。其問題是出現在國民黨自身，以及馬英九當局執政表現不佳，即國民黨自身的問題拖累了其所主導的兩岸政策。當然，我們也要看到，長期以來臺灣內部一直有兩股政治力量在博奕，即融合的力量和分離的力量在相互拉扯，顯然融合的力道要大於分離的力道，這也是一個趨勢。事實上，兩岸農業交流包括水果等政策，其方向本身並沒有錯誤，但問題是在執行環節中出了一些問題，這是需要決策者思考與重視的地方。

未來不管兩岸關係如何發展，兩岸的農業交流和水果交流當然還需要持續開展。可喜的是，焦鈞兄的大作對這方面的研究有了一些積累與總結，很多甚至是具有前沿性和啟發性的研究，這是非常值得肯定的一件事情。我也很期待未來能夠看到焦鈞兄更多的大作問世。

二〇一五年十月

變臉・變心・轉向

吳鯤魯（銘傳大學公共事務學系專任副教授）

關心中國與臺灣關係，研究臺海兩岸政經互動的人很多，著作早已汗牛充棟，但是像焦鈞這本《水果政治學：兩岸農業交流十年回顧與展望》從至關緊要的水果貿易領域切入，結合政治經濟學智慧和完整實務經驗，將兩岸十年來整體變局和具體的農產採購銷售分析得絲絲入扣，詮釋得拳拳到肉，應該絕無僅有。

焦鈞是我在銘傳國發所專班教授過、有極優良表現印象的佼佼者，當時他在課堂上報告美國資深媒體人孟捷慕（James H. Mann）著，名譯家林添貴先生譯作的《轉向：從尼克森到柯林頓美中關係揭密》，談得有條有理。而提出有關涉及民主政體和威權中國交往的問題，特別是自由社會的多元利益、尤其在民主政權交替過程中，如何面對中共一條鞭式長期而綿密的統戰，相信在他心中就已埋下撰寫本書的種子。《轉向》的英文原著書名是*About Face*，同名的電影曾經有譯作「變臉」的片名，放到焦鈞描繪之兩岸水果政治某些階段性事件，譬如第三章他親身參與並且借助記者間接查證的農會破冰之旅、和國民黨高層介入險些破局的過程，似乎入木三分。

因爲有一段時間未曾聯繫，焦鈞寫出這本書，描寫他個人從立法院工作轉換跑道到農產運銷公司，實際從事兩岸農業交流，深度介入和執行臺灣水果外銷，交涉中國政策採購的精采故事，我原本並不熟知。然而透過紀實文字，他將中共對臺系統如何拉高對臺統戰，爬梳農業成爲重中之重的整個歷史脈絡，娓娓道來；然後一路進展到對臺政策因爲執行兩岸農業讓利不當，民主臺灣多元利益各顯神通，相互傾軋，以致戰線全面失守潰敗，讀來如臨現場，就像親眼所見，焦鈞不愧是絕佳的報導人。

比較不爲注意的，中共的統戰源自傳統帝王治術，致命一環是時間長度驚人。北京不介意短期讓利，不怕等待，不管納入彀中的對手影響力的升降，關係可以世世代代、長長久久。日本前首相田中角榮主導和中國建交，他的家族後代訪中依然備受禮遇。因此，一旦民主輿論的制裁力量不夠決絕，常常會縱容投機。譬如書中描寫的，當壟斷權貴集團之首只因臺灣民心思變，用選票數度教訓其家族政治勢力，竟以「寧可我負臺灣人，不可臺灣人負我」

的態度登上天安門閱兵臺，坐等時移勢轉，乞望他日垂憐。無異在為後繼者示範，彼可取而代之。

其結果，臺灣水果銷售的多元利益，面對中共刻意搭建的多重代理統戰網，民主社會對抗威權統戰的力量備多力分，若要像本書結論意建議的摒除政治力干預，全面訴諸市場規律，恐怕還是緣木求魚。臺灣人怎麼樣檢視本書掌握的兩岸交流經驗，構建得以營造內部共識的民主機制，就算在政權轉變交接的階段，也能履險如夷，才是不懼變臉，無畏變心的不二法門。

二〇一五十一月

臺灣農民要的是真心

蘇偉碩（反美牛醫師、行政院第三次美牛會議諮詢小組民間推薦委員、前臺灣農民聯盟理事長、消基會衛福委員會委員）

焦鈞這本「水果政治學」堪稱是十年磨一劍，將作者個人頂著鋼盔親身參與中國國民黨改革與開拓臺灣水果輸出中國的歷程，血跡斑斑地寫成如戰地報導的詩篇。敘事起筆於二〇〇四年的三一九槍擊案，結尾到二〇一五年習近平檢討對臺工作爲止，娓娓道來兩岸間的政治過招與各自內部的政局結構如何扭轉，也扭曲了臺灣水果與其他農漁產品開拓大陸市場的角力內幕。尤其是讀到二〇〇五年六月二十四日臺灣省農會拜會中國商務部之行差一點功敗垂成，又在鍥而不捨之下起死回生這一段，眞是像捧讀金庸的武俠小說，開頭是暗自擔心，結局卻大快人心，令人不禁擊腿稱爽啊！

在歷史上，臺灣農民反抗統治者壓迫剝削的行動不絕如縷，從清國官員所稱之「三年一小反，五年一大亂」，到日本帝國殖民統治期間的「噍吧哖大屠殺」，都看得到剝削之重與反抗之烈，以及鎮壓的頻繁與恐怖！但是現代有組織的農民反抗運動，卻要一直到一九二五年元旦，彰化二林醫師李應章召集農民大會議決成立「二林蔗農組合」才開始。同年十月二十一日發生的「二林事件」雖然造成許多幹部遭到逮捕入獄，但也開啟了全島性的農民啟蒙與組織運動，催生了「臺灣農民組合」在一九二六年六月二十八日成立。一九四五年，二次世界大戰結束終結了日本帝國對臺灣的殖民統治，但短短四年不到，一九四九年五月二十日的臺灣省解嚴令又將臺灣社會綑綁了三十八年。一九八七年七月十五日蔣經國宣布解嚴，當年十二月八日中國國民黨統治下，第一次的農民集體抗爭事件由臺中縣山城區農權會集結了三千多名各地農民向立法院請願，抗議政府開放美國與日本水果進口導致國產水果滯銷，也開啟了解嚴後一連串社會運動的序幕。

從這個歷史背景的潮流看來，中國國民黨失去政權是早晚的事，只是誰也沒有料到時間點會提早到世紀之交的二〇〇〇年，更沒有料到連宋整合後原本應該是十拿九穩的二〇〇四年大選，居然會在投票前一天因爲「兩顆子彈」而以百分之零點二二八的些微差距失之交臂！接下來的發展，就是焦鈞在本書中細述的「兩岸農業交流十年」。中國共產黨在「得民心者得天下」的教條下，戰戰兢兢地展開所謂「軟的更軟」的統戰工作。從來只是被壓迫、被剝削的「種田人」，竟因爲陳水扁的連任成功，在國共兩黨巨頭世紀之握中，成爲對臺工作的重中之重。一時之間，只要頂著「臺灣農民」的稱號，都能受到上賓的禮遇。這種一夕翻身的戲碼，原本是對岸「革命解放」的主旋律，竟然，在改革開放三十幾年後，會發生在臺灣農民身上，眞是作夢也想不到。

然而十年下來，北京自認做了大量對臺工作，也付出巨大的犧牲（讓利），到頭來爲什麼不但沒有贏得臺灣農民的心，反而落得一個「國共買辦集團」的稱號，北京一面倒的讓利只是肥了國民黨舊官僚的形象深入臺灣人心，而理應感念「祖國照顧」的臺灣農民，卻沒有在投票或民調中支持「祖國統一」或反對「臺獨」？

焦鈞的這本鉅著，以親身參與的歷史證言，做了雄辯式的回答。

總結來說，就是兩個字：「眞心」！如果這是一個歷史教訓，那麼所有參與其間的兩方人士都該自問，要爲臺灣農民做點實事的眞心夠不夠！貫穿本書的精神也正在於此，只有眞心，才能化解兩岸巨大的仇恨與猜疑，水果，不過是一塊小小的試金石罷了！

做爲一篇序文，寫到這裡也就夠了。接下來的，讀者應該好好細讀本書，聽聽作者以新聞報導的專業，爲這道歷史課題所做的分析。

此時，臺北的立法院中，面對立委的質詢，經濟部長鄧振中承認美國會以開放有瘦肉精的美國豬肉做爲許可臺灣加入跨太平洋夥伴協定（Trans-Pacific Partnership，簡稱爲TPP）的條件。沒錯，而且加入TPP之後，臺灣就得接受全面開放零關稅的美國農產品，減少六百億元產值和一萬六千個農業工作！屆時，一九八八年的農運會不會再現街頭呢？我期望焦鈞的第二本書，能再度帶我們來看這段歷史。

二〇一五年十月十四日

自序

臺灣這個水果王國，從屏東的最南端恆春開始算起，每年落山風一過芒果樹開始開花，伴隨著種植面積相對較少的荔枝園，一片黃綠夾雜，甚是壯觀。再往北過了枋山這個愛文芒果大產區，沿著屏鵝公路往北來到了臺一號省道與臺十七號省道分叉的佳冬鄉，看到路旁盡是經過矮化，種在鹽分地的蓮霧樹。包含北邊的南州、枋寮等鄉鎮，這裡就是屏東黑珍珠蓮霧的最大產區。

跨越高屏溪，順著國道三號進入高雄，從田寮月世界交流道出來，往北旗山、美濃，過去是香蕉、菸葉的重鎮，如今轉型種小番茄、白玉蘿蔔等，香蕉不再是唯一特色。沿著荖濃溪來到六龜，這裡的「黑鑽石蓮霧」名號不輸屏東的黑珍珠蓮霧，口感風味各有擁護者。

從國道十道往西，從燕巢出口下，就是聞名全省的珍珠芭樂集散地；周邊鄉鎮的珍珠芭樂，在某個年代之前都運到燕巢打上「燕之巢」的品牌記號，表明自己是正宗燕巢產的珍珠芭樂。

當然，現在周邊的阿蓮、岡山、大社，甚至田寮都有芭樂產銷班，農會也特別重視自己的品牌經營，擴大了珍珠芭樂在高雄的群聚效益，南邊的屏東、北邊的臺南，兩邊的農民都不會輕易嘗試種植芭樂，避開高雄這個「芭樂集團軍」。

在高雄的芭樂產區，也和每年產在冬天的棗子，產區相重疊；芭樂是全年生，棗子剛好應付每年春節龐大的水果送禮潮，許多知名連鎖系統或網路購物，都知道過年期間高雄的棗子禮盒，是水果禮盒送禮的上選。

順著臺三線，穿越南化水庫，來到臺南南化區，這個全臺最重要的芒果大產區，每年都與屏東枋山，在愛文芒果輸日這檔事，產生微妙的競合關係。日本，因爲每年七月十五日的盂蘭盆節（お盆、おぼん），是日本人相互送禮的一個最重要節日，臺灣的愛文芒果剛好盛產期就落在這個季節的前後；如果風調雨順，屏東產區的中、末期結束，剛好遇上臺南產區的初、中期的採收，大家都可以趕上這波龐大商機。

但如果屏東愛文芒果生產期拖延，與臺南產區愛文芒果重疊期太長，或是受節氣影響芒果樹開花延後，臺南產區的愛文芒果趕不上七月十五日這個時間點，或是被屏東搶去太多訂單，也是時有所聞。老天爺是公平的，給了高雄芭樂和棗子，讓屏東和臺南專注在芒果上。

續走國道三號，嘉義也一直是很重要的外銷日本鳳梨產區，而近幾年中國大陸對臺灣鳳梨採購需求暢旺，屏東地區的鳳梨已不足以應付，嘉義地區鳳梨種植面積不斷擴大。也因此產生了很特殊的產銷生態，特別是在這種單一水果種植很突出的縣市地區，「盤商」（俗稱臺阿場，塑膠籮筐的臺語）扮演很重要的角色，他們一次收購整片農地的鳳梨，然後再以塑膠籮筐分裝到下游中小盤商手上。農民有現金收，又不用花錢買紙箱，何樂不為！

嘉義還是夏季蓮霧的重要產區，往阿里山方向的梅山鄉，因海拔地勢之便，當屏東、高雄的蓮霧約在清明節前後結束，就是嘉義梅山蓮霧的登場。這幾年銷到中國大陸上海的蓮霧，幾乎都是從這裡出貨；當然，貿易商可能會在紙箱上打著「黑珍珠蓮霧」。反正，水果不會講話，也沒有多少中國大陸消費者有那樣的專業可以用嘴分辨出，這是屏東、高雄還是嘉義產的蓮霧！

離開嘉義前，這裡有一種臺灣賣的價格很差，但也是被上海人搶購的水果：葡萄柚。當地人有另一種稱呼，沒有套袋、表皮橘紅的稱之「紅寶石」；有套袋，口感微酸，表皮近似淡黃色稱之為「二紅」。不過，上海人多半搞不清楚，紅寶石價格比二紅高出約一半，但上海商人常常付了紅寶石的價錢，卻買到了二紅而不知。

過北港溪來到雲林，這裡過去出名的是柳丁，但這幾年已經被茂谷柑取代。當然，雲林更是北臺灣重要的蔬菜供應基地，得天獨厚的地理位置與氣候條件，讓雲林不僅僅有濁水溪米這樣高知名度的農產品，大蒜、西瓜、哈密瓜、結球萵苣……都極具特色，且是重要生產基地所在。

整個雲嘉平原是臺灣重要的米倉，這幾年卻興起一棟又一棟的網室，種植了市場上銷售十分搶手的「聖女小番茄」，後來又更新品種，名爲「玉女小番茄」；皮越來越薄，汁越來越甜，這些都是年輕農民返鄉之後，才出現的新形態。只能說，臺北人眞好命，但也確實只有臺北這個大市場，才能消費得起一公斤可以賣到五、六百元的盒裝小番茄。

彰化最出名的農產品非花卉莫屬，但離開田尾花園公路往溪湖、大村走，網室、室外交錯種植的巨峰葡萄，則成爲彰化的另一個亮點。來到彰化，當然可以順道來溪湖市區，一家接著一家的羊肉爐，也是此地一大特色。穿越溪湖鎭的熱鬧街道，往二林方向，在中科園區的周邊，盡是臺糖土地；這裡，已被農民整片承租，嘗試種植有機、經認證的蔬菜，與全臺最大的超市通路達成供銷契約。

臺中的山城幾個鄉鎭農會，在臺中農業局官員的認眞輔導下，成功打響米酒品牌，外銷東京、上海、廣州等大都會區；柑橘類當然也是這邊的主力農產品，椪柑、茂谷柑更是質優。唯一不靠海的南投，香蕉依舊占了很重要的地位，但一路從彰化八卦山系連接而來的集集區，也群聚大片的鳳梨產業，品質水準都上的了檯面。而高海拔的信義鄉，或低一點的水里鄉，則是冬季巨峰葡萄的重要產區，在臺北消費者心目中，地位不輸彰化溪湖巨峰葡萄。

當然，南投最重要的還是鹿谷的茶葉，因爲中國大陸觀光客的大舉採購，臺中和平鄉梨山產區、阿里山產區，加上傳統的鹿谷產區，每年冬、春兩季茶葉開盤價格，節節高升，甚至整片茶山的產量被香港、中國大陸買家鎖死，也都不是祕密。

跨過大安溪，苗栗、新竹、桃園的丘陵地形，基本上就不是農產品生產的適合條件；但基本上仍有苗栗大湖、獅潭的草莓，卓蘭的楊桃、葡萄，新竹的桶柑，這些在市場上都有固定的愛好者。中部山區到苗栗、新竹，整個一路從梨山跨到東勢摩天嶺，是日本品種「富有、次郎」甜柿的產區，品質已超越日本本地；往北一路順著臺三線，苗栗卓蘭、三灣到新竹，沿著丘陵稜線則是滿山遍野的高接梨，帶給當地農民豐厚的收入。

當你這樣走一圈回到臺北，才發現活在臺灣，眞的很幸福；不用半天的時間就能南北走一回，所以臺北人才可以每天早上吃到最新鮮的蔬菜、水果，道理就在這兒。

當然，不能忘了美麗的臺灣東部！從臺北，不論走國道五號或搭乘臺鐵前往宜蘭，再一路往南奔向花蓮，這裡就是臺灣無毒農推廣最成功的地方；東部，這塊臺灣最後的淨土，就在原鄉年輕子弟陸續返鄉守護下，開花結果。

跨過著名的富里、關山、池上這個臺灣稻米最出名的產地，吃著同一條水脈，連日本人都想來這裡種植他們引以爲傲的越光米，然後再回銷日本。來到臺東，到處可見釋迦園，這個幾乎成爲臺東水果的代名詞，同時也是臺灣最具特色的水果，如今更是「反攻大陸」最成功的臺灣水果。

這幅「臺灣水果地理圖像」是筆者這十年工作的縮影，也是從事本書寫作前，必須先自我要求做好的基本功。

……………………………

我們市井小民每天的生活必需品——水果、蔬菜，爲何會沾染上政治，進而成爲一門「水果政治學」？

話說從頭，一切都是兩岸交流開放後的產物，也是因爲政黨選舉、藍綠對立、兩岸關係的不透明，所造成的扭曲變形所致。

農民成爲中共對臺統戰的對象，也是藍、綠、紅三方爭奪討好的對象；農產品，特別是水果，也就這樣被搬上舞臺，變成政治操作的籌碼。

本書《水果政治學：兩岸農業交流十年回顧與展望》，從筆者這十年工作的兩個軸線談起；一條是筆者的工作親身經歷、內幕與自我反思，一條是平行於這條軸線的兩岸政治環境變化、脈絡與個人觀察。

第一條軸線從連戰、胡錦濤兩人首次面談後確立的兩岸農業交流框架開始，描寫筆者在立法院工作期間因緣際會接觸到臺灣農會系統在這個場域中所扮演的角色，然後直接涉入其中；接下來，一路往下延伸到筆者轉戰到臺北農產運銷股份有限公司，此次轉換跑道與角色後，仍持續在兩岸農業交流這條道路，甚至進一步跨越到執行臺灣水果外銷中國大陸的政策採購，以及農產品外銷的實務經驗談。

本書另一條脈絡是做為前一條軸線的時空參照軸。從三一九槍擊案的兩顆子彈談起，點出兩岸進入一個混沌不明、難以捉摸的危險期，中共對臺系統如何拉高對臺統戰，藉此爬梳農業成爲重中之重的整個歷史脈絡；接著一路進展到對臺政策因爲執行兩岸農業讓利所面臨的挑戰，以致到後來戰線全面失守潰敗的原因，回歸到前一條筆者親身參與的故事文本軸線上。

本書企圖談論兩岸農業交流這十年的一個具體而微的縮影，透過這兩條軸線，有第一人稱的現場紀實，也有從工作經驗中彙整對兩岸時局變化的分析觀察，回到兩岸農業交流這個核心議題上，希望藉由筆者參與其中一小部分的所見、所聞、所得，得出下一個兩岸農業交流的十年，臺灣、中國大陸分別可以再做些什麼、或是該如何避免重蹈覆轍。當然，內心希望這本小小的文字記錄能達拋磚引玉之效，讓更多曾經在這十年穿梭於兩岸農業交流的有志之士，能提出更深入精闢的見解。

在此，感謝高雄市農業局局長蔡復進、研究所所長樊中原、廈門大學臺灣研究院政治所副所長陳先才、研究所老師吳鯤魯、反美牛戰將也是精神科醫師蘇偉碩等師長、同學，費心為本書不吝指正並為之作序。

十年過了，最後只想說一句：「臺灣水果若沒沾惹到政治，那該多好！」

二〇一五年八月秋　筆於臺北

第一章

局外人

三二〇投票結束當晚，和幾個朋友相約長安東路熱炒店，大伙酒一喝，對於兩顆子彈情節的各種懷疑，每個人都有自己一套的解讀。每個人想法立場不同，這個國家也非得連、宋當選不可，更不需要有深藍基本教義派那股「世界末日」般的失落感；只是極度厭惡每次重大選舉，都遇上這爛戲碼，非得搞成這德行，奧步主宰選舉結果。

「是否臺灣眞亂，老共就會打過來了？」酒桌上突然又有人這麼問起。藍營朋友圈子，有這樣嬉鬧式想法的人，從來就不缺。沒有人預料得到，兩岸關係將走入另一個變局，而且與武力威嚇完全不相干，面對臺灣政治局勢「北藍南綠」，中共對臺系統反倒以臺灣水果作為其對臺軟的一手的戰術手段，卻是誰都始料未及的。

這樣的因緣際會，從政治圈走出，一腳踏入兩岸農業交流的舞臺。一晃眼，就是十年！

1. 兩顆子彈

二〇〇四年三月十九日中午，看著身邊一群熟識的國民黨立委助理，各個七嘴八舌地討論晚上連宋競選總部在中正紀念堂廣場舉行的選前之夜，要趕快動員，言談中已經流露出迎接明天勝選的喜悅。不料，這樣的歡樂氣氛在電視跑馬燈下午二時左右陸續打出「總統遊行車隊在臺南遭鞭炮攻擊」，變成「總統車隊疑似遭槍擊」的字幕之後，整個氣氛急轉直下。總統府秘書長邱義仁當天下午兩點三十分在記者會上露出神祕的微笑，各種小道傳言早已傳遍全臺大街小巷。臺灣政治樞紐與八卦消息最靈通的立法院，頓時失靈空轉！

任何在選前七十二小時發生的大事，絕對不單純，更何況距離投票不到二十四小時。透過在國家安全局特種勤務指揮中心的內線，請他在第一現場臺南把自己所目擊的訊息傳回來。十幾分鐘過去，電話響起：「我用公用電話打給你，這裡現場一片紊亂，我們也是從臺北通報才知道現場出事。」「阿扁和呂副乘坐的紅色吉普車被拖回奇美醫院地下停車場，沒有上級同意任何人都不能靠近。」從頭到尾，就是不能說、也沒有說出「槍擊」這兩個字；其實那個當下，電視臺的跑馬燈早已打出「總統車隊遭槍擊」的聳動標題，當然也不會清楚邱義仁那一抹神祕微笑所代表的意義。

「三一九槍擊案」就這麼發生！現場狀況與從電視得到的訊息同樣有限，也一樣紊亂；即使身在案發現場的特勤人員的級職不低，也很難在第一時間綜觀全局，做出最貼近事情真相的判斷。

三一九這一天的劇本，所有參與者、旁觀者被不知名的導演催眠似地指揮著，每個人按著編排好的演出順序登場。每個人不過只是在臺下觀眾席，出於「不能接受」這麼一個再簡單不過的想法，開始屬於自己的查證、追蹤、再查證、再追蹤……，更多人只是想解開一些無法解釋的巧合罷了。

誰都清楚知道，這個巧合一定會讓明天的選舉結果翻盤。但更大的劇變在接下來的四年、八年接踵而至，在三一九那天並沒有人會料想到這一點。

這是泛藍支持者內心共同的憂鬱！好不容易盼到國親合作，連戰、宋楚瑜二人搭檔競選，眼看著距離勝選就只剩最後一里路；對泛綠支持者而言，同樣地，割喉戰、逆轉勝，眼看就要達成。

藍綠對立就此加深，兩岸關係正駛入巨大風暴中，而在當時，同樣也沒有太多人關注。

藍綠兩邊陣營的激情被兩顆子彈激起，一時半載很難將這種情緒收回來！

……………………………

拿起辦公室電話，問了人在國民黨中央黨部前，預備要跟著連戰掃街車隊的記者友人，電話另一頭說著：「國民黨已經宣布取消今天晚上的選前之夜，改成爲臺灣祈福之夜！」消息很快傳出，就在這時候辦公室的抗議電話也沒斷過；泛藍支持者打爆國民黨中央、國民黨籍立法委員的辦公室，群眾認爲國民黨瘋了，怎麼可以取消晚會。但群眾不知道的是，如果現任總統眞的遭受槍擊而有不測，選舉活動是有可能暫停，然後國家宣布進入緊急狀態……。

是誰決定取消晚會，這個消息很快傳到立法院來，就是當時的臺北市長、兼連宋競選總部總幹事馬英九。一向奉公守法的馬英九做出這樣的決定並不令人意外，但熟悉選舉操盤的人都明白，在這緊要關頭取消選前的造勢動員，是犯了兵家大忌。但，倘若阿扁有個三長兩短，豈不落人口舌？馬英九的思維邏輯與泛藍群眾希望勝選的想法，背道而馳；對手陣營已動用「不擇手段」確保政權維繫，這一廂卻還在維護法紀。

兩邊陣營決策者思維差異之大，並不讓人意外。從三月十九日下午二點開始，阿扁中彈的消息就一直是眞眞假假，狀況不明；藍營如果不取消接續的競選活動，確實會落人口實；但若是取消了，等於把支持者的氣給洩了！當電視 LIVE 畫面不斷播送阿扁在醫院內「急救」的照片畫面，鏡頭不斷掃過紅色吉普車上的「彈孔」，跑馬燈更是不斷重複跑出「阿扁中彈」的字幕……藍營支持者的心，頓時盪到谷底。

綠營這一邊卻完全不同。三一九傍晚往民生東路的街道上，綠營激情的支持者從四面八方趕往扁呂競選總部；年輕的機車族手持扁呂競選旗幟，呼嘯而過；走到街頭，見到群眾瘋狂的一面，國親合、連宋配想要重新奪回中央執政權的希望，確定落空。

回到辦公室，電話再次響起，跑國民黨線的記者朋友來電問起：中共對臺動武的三條件是不是有「臺灣內部出現動盪」這一個選項？

還好，阿扁在三一九晚上平安回到競選總部，高舉雙手說：「天佑臺灣！」眞的是天佑臺灣，阿扁「奇蹟似」地回到了臺北，大選投票得以繼續進行，沒有因任何因素而停止。民進黨認爲，陳水扁本來就會贏，與兩顆子彈無關；藍營名嘴的各種討論，也挽回不了大局！

民進黨繼續執政。但是，兩岸外弛內張的局勢，才正要開始。

……………………………………

三二〇投票結束當晚，和幾個朋友相約長安東路熱炒店，在大伙猜測兩顆子彈的喧嘩聲中，我掉入了一九九九年「興票案」的歷史記憶！當時，任職公共電視臺攝影記者，專責宋楚瑜團隊的新聞採訪工作；興票案爆發的那一天傍晚，和二十多家國內外電子媒體記者，守在濟南路宋楚瑜競選總統辦公室二樓記者室，等著宋先生出面說明，是誰給了宋鎭遠那麼多錢存在海外？事後，「長輩說」讓宋楚瑜陷入泥沼，大部隊無法繼續前進，也給了陳水扁追趕的時間。

宋楚瑜在興票案記者會之後，一路被國民黨陣營挨著打，勝選氣勢很快被陳水扁追趕上來。猶記得一九九九年初秋過後，開始一路跟著宋團隊南征北討，剛卸下省長光環的宋楚瑜特別在客家、原住民及中南部基層，獲得愛戴。甚至民進黨執政的地方首長如陳唐山、余政憲，都以一種引領企盼方式，態度大方地正式迎接宋省長到訪；興票案後民進黨上上下下歸隊，一路挨打的宋楚瑜，終究與總統大位擦身而過。

二〇〇〇年總統大選開票夜，宋楚瑜支持者群聚仁愛路競選總部，要宋楚瑜組黨；同一天，馬英九向李登輝逼宮，藍營群眾包圍仁愛路國民黨中央黨部，以及李登輝的玉山官邸。

在沒有李登輝的國民黨後，連戰、宋楚瑜二人攜手搭檔競選二〇〇四總統大位，但事後證明這是一場缺乏共同信仰價值，只為奪回政權的空泛合作下的選戰組合，二〇〇四年三月就在連、宋兩位政治人物貌合神離下，黯然落幕，臺灣政局也正式走向另一局面。

「是否臺灣真亂，老共就會打過來了？」酒桌上突然又有人這麼問起。這帶有幸災樂禍，又危言聳聽的言論，在藍營朋友圈子，從來就不曾停歇。這就是臺灣的宿命，內部族群因對國家認同的差異，衍生藍綠對立的鴻溝，然後又夾雜中共、美國關係，反饋回臺灣內部再影響藍綠選民對中、美兩國的好惡。希望臺灣亂，共產黨打過來的人，不是沒有！認為臺灣獨立，美國會介入的，也大有人在！

從一九九六年起李登輝贏得首次總統民選後，挾著國民黨的絕對資源，主導了一場又一場的地方、中央選舉以及黨內權鬥、黨外合作，在二〇〇〇年臺灣首次政權交接前夕，這樣的危機邊緣從未中斷；只是沒人料想到，阿扁連任的開始，正是危機高峰的到來。

李登輝任內先後因為出訪美國返回母校康乃爾大學演講，以及接受德國之聲專訪發表特殊國與國關係，引來兩次臺海危機，美國出動第七艦隊護航臺灣海峽。但兩岸在當時並不會真的兵戎相見，每每在瀕臨戰爭的危險邊緣，卻又化險為夷，原因除了中共解放軍軍力當時尚待整備，最主要原因仍是美、中、臺三邊關係的距離，當時仍未傾斜。

在李登輝的謀畫下，臺灣夾在美、中兩大國間，卻仍能悠然自處，不管藍營朋友喜不喜歡，十多年後再回頭看這段歷史，還是得佩服李登輝其戰略縱深，以及小國如何在強權間生存的謀略。

而自比約書亞的陳水扁卻選擇了不同於摩西李登輝的躁進路線，在他的第二任期，再次將臺海推向危機邊緣。

陳水扁二〇〇〇年就職演說的四不一沒有，是經過美、中雙方的同意與默許，也說明了阿扁在上任初始確實想在兩岸關係上有所突破。無奈中國大陸對陳水扁的「聽其言、觀其行」，一直到阿扁卸任爲止，並未獲致任何善意回應。

扁政府時期的兩邊政府信任度幾乎是零。二〇〇〇年陳水扁上臺，中共對臺系統沒有任何準備，面對民進黨突如其來的勝利；即使阿扁利用大膽談話向江澤民遞出橄欖枝，也很難撐起兩岸和平之橋。

爾後，阿扁專注於政權延續，在臺北市長連任時的「高民調卻落選」陰影籠罩下，換成誰當臺北市長有超過七成的民調，連任竟然得不到過半支持，內心感受可想而知！

三一九的兩顆子彈被藍營渲染爲「神奇子彈」，並且連結阿扁「無論任何手段都要連任維繫政權」的心境，也就一點都不意外了。兩顆子彈的出現，終究不是單純的「探究是否爲選舉奧步」這樣的形而上問題，眞正對臺灣影響的是：當三一九槍擊案發生時，中共方面是否視爲「臺灣內部出現重大變故」？二〇〇四年三月十九日當晚，中共軍方到底有沒有想要大動作？雖然，胡錦濤壓不住軍方鷹派並不是祕密，但要找到對臺動武的理由，也絕非那麼地輕率。

但對坊間一般民眾，若是做出這樣的線性推論，以當時的政治氛圍，也絕對說得通。只是這樣的戲謔話語，不管是「擔心老共打過來」，還是「期望老共解放臺灣」，都不應成爲臺灣主流民意；這也是兩岸相隔半世紀後所恢復交流的核心要義，避免誤判、避免犯錯，降低與減輕兩岸間的認知落差，去除兩岸間那面「哈哈鏡」，不讓彼此扭曲對方立場，也是兩岸恢復交流談判之後，必須持續克服的障礙。

……………………

二〇〇〇年投票前夕，當時臺北市長馬英九拿著所謂「內部民調資料」，坐上宣傳車在臺北縣市眷村掃街說：「連戰就差一點點當選，現在民調第二名已經領先宋楚瑜了，大家務必集中選票『棄宋保連』。」

選前國民黨大搞棄保戰、烏賊戰。馬英九等於間接幫了陳水扁，打敗了宋楚瑜。此事，也埋下宋楚瑜陣營與馬英九之間的嫌隙，很多政治人物的心結就從這裡開始；馬英九引發其他藍營政治人物不滿的，還包括取消三一九當晚的晚會、處理倒扁風潮紅衫軍問題時，要求警力強制驅離等，再再讓藍營部分人士不滿。

二〇〇四年兩顆子彈讓陳水扁以二萬九千五百一十八票，百分之零點二二的差距擊敗對手；就選舉論選舉，說再多三一九槍擊案的疑點，也改變不了結果。而陳水扁因馬英九漁翁得利，八年後陳水扁卻被馬英九終結，歷史果眞是一場鬧劇，也應證善惡的因果循環！

誰都沒料到當時國民黨主席連戰因爲兩顆子彈硬了起來，率領群眾坐在凱達格蘭大道前，要求全面驗票；更萬萬沒有預測到一年多後，他會以國民黨主席身分，前往中國大陸與中共總書記胡錦濤會面。

「連胡會」兩人握手的畫面，寫下自一九四九年國、共兩黨分治五十六年後，兩黨領導人首度於公開場合的重要歷史性一握。

連胡會後的新聞公報，當中一段「解決臺灣農產品在大陸的銷售問題」成爲當時兩岸交流主旋律中的重要章節，也讓自己有機會親身參與這個動態歷程，並從中剖析國民黨與共產黨如何聯手，又如何形成一個龐大的「農業買辦集團」；農民團體與個別農民，到底在這場兩岸農業交流大戲中，扮演著什麼角色。從立法院轉戰到臺北農產運銷公司，從政策面的兩岸農業交流到實質面的臺灣水果外銷中國大陸，延伸到兩岸農產品貿易的雙邊往來，十年走來一路圍繞著這些領域，從一開始的因緣際會到後來的實際參與，盼能從中得出反省，進而對未來的兩岸農業交流政策擬定，有所助益。

⋯⋯⋯⋯⋯⋯⋯⋯⋯⋯⋯⋯

從連胡會開啟的兩岸農業交流，進而發展出「水果政治學」，是理解胡錦濤主政時期，面對陳水扁政權過渡到馬英九主政，一直延續到習近平上臺繼承兩岸和平發展道路大戰略上，極爲重要的研究領域。

水果政治學讓兩岸交流很多的陰暗面現形。水果這個農產品的特殊性，因爲它指向的生產者：農民，成爲中共對臺統戰的重中之重，使得水果在兩岸關係中成爲一門政治學：其政策如何出臺、如何演變、具體操作，都有必要專門深入探究。

馬英九在二〇〇八年競選總統時，不斷強調「我不賣臺，我只幫農民賣臺灣水果」；這句陳腔濫調，持續用到二〇一二年，可見國民黨、共產黨兩黨聯合對農民的拉攏，此一搭一唱的演出，不僅凸顯國民黨被共產黨牽著鼻子走的悲哀，也因爲民進黨的無力制衡，讓共產黨一度對臺農業、農民予取予求。

兩岸農業交流因爲連胡會所立下的這個文本，不僅讓臺灣水果登上兩岸交流的舞臺，成爲主角，更因爲中國大陸積極想要取得臺灣農業技術，以及打開臺灣農產品市場，讓農產品雙邊貿易往來，成爲兩岸角力的競技場。

兩岸農業交流自二〇〇五年開始迄今剛好滿十年，參與者多如過江之鯽，探討這段歷史並從中爬梳、還原事件眞相，把過去不爲人知的一面、不被媒體關注的事件，不僅要一一還原事件眞相，更要減低「政策執行不公開」對農民、農業所造成的斲傷。

這十年的兩岸農業交流，就從阿扁連任、連戰轉性、胡錦濤一錘定音，作爲交流往來的起手式，整個理絡、思維與作爲，就此開展。

2. 北藍南綠

隨著美國的表態，李昌鈺博士的鑑定報告出爐，驗票結果經高等法院判決確認，凱達格蘭大道的總統府依舊是陳水扁當家；凱道即使改名爲「反貪腐廣場」，也改變不了這個事實。

二〇〇四年盛夏，凱道的泛藍群眾也早已散去，七月連戰出訪歐洲，馬英九趁他出訪之際趁勢逼宮，連戰被迫交出了國民黨主席位置，正式啟動國民黨的權力交棒與鬥爭。

這場國民黨內有史以來競爭最爲激烈的黨主席選舉，立法院長王金平在連戰的奧援下，與馬在黨內爭春秋。王院長的參選，在其內部曾引發爭辯；南部地方派系認爲不宜與馬英九開槓，但臺北的立法院幕僚卻是主戰派。最後主戰派勝出，王金平選得難看，也讓黨內馬系人馬看破王的手腳。

投票當天，媒體拍到了連戰把黨主席票投給了王金平。以連戰爲首的黨內大老集結，仍無法改變一個事實，那就是黨內群眾的集體失落感，這時候必須要有新的寄託與共主。

泛藍支持者與群眾，把阿扁連任成功的悶氣，與連系人馬以降的無改革形象，畫上等號。馬英九的操盤手金溥聰，更巧妙利用輿論將國民黨走不出黑金權貴色彩的原因，一股腦地全算在連戰、王金平這幫大老身上。

特別是王金平，在與馬英九競選黨主席時，更被貼上「黑金教主」的惡名。爾後馬英九當選黨主席，爲和緩兩人關係，更爲了當時在野國民黨的團結，馬英九刻意每個禮拜均前往重慶南路立法院長官邸，與王金平會面，營造黨內共體時艱的氛圍。但是，王金平與馬英九畢竟是不同路人，馬英九最終仍在二〇一三年九月因檢察總長黃世銘提出的「關說司法證據」，與王金平扯破臉。

馬、王之間的恩怨情仇，也連帶影響與農會系統交好的地方派系勢力消長。懂得生存之道的農會系統，遊走於馬、王的矛盾情結中，爭取自己派系最大利益，也不斷滲透在兩岸農業交流的細節中。

二〇〇四年的政治氛圍是有利馬英九的，這個氛圍也是經人爲刻意操作而形塑；這頭號功臣當然是馬英九的第一愛將金溥聰，媒體當時一面倒地「親馬」，壓抑其他國民黨內老人、中生代出頭的機會，在一旁搧風點火，助長這樣氛圍的形成。

在情勢比人強的情況下，泛藍群眾的救世主馬英九，就這麼應運而生了！

……………………

就在泛藍群眾集體陷入馬粉的瘋狂情緒下，二〇〇五年底地方選舉，國民黨幾乎各候選人，不論老將與新人，清一色地爭相與馬英九合照。當時，只要與馬英九合照，就是勝選的保證，馬英九旋風不可一世，看在其他黨內要角眼裡，只有乾瞪眼的份。

二〇一四年底九合一大選，受到三一八太陽花學運、反國民黨效應的溢出，加上馬英九成為國民黨的票房毒藥，讓國民黨倒一次的氛圍徹底發酵。馬英九成為壓倒國民黨政權的最後一根稻草，讓人不敢置信，臺灣政治變化之快，此又一明證。

回到二〇〇五年的地方選舉。民進黨踢到鐵板，國民黨則在黨主席馬英九領軍下，地方版圖往南挺進濁水溪，民進黨則保住雲林以南的六個農業縣市，國民黨在地方政府的治理，正式與民進黨「劃溪而治」。

臺灣地方首長的「北藍南綠」政治版圖，正式底定。

國民黨經此役之後，不僅地方執政版圖大幅擴張，從八席增加為十四席，得票率也超過百分之五十，往中央執政道路更向前挺進一步。這個場景與二〇一四年國民黨慘敗，民進黨大勝十分雷同，民進黨更攻破北部國民黨傳統的都會區鐵票，尤爲震撼北京中南海。

馬英九的高人氣，並沒有維持太久；臺灣選民對政治明星的賞味期，以等比級數的速度下降。二〇〇六年八月當時民進黨立委謝欣霓向臺灣高等法院檢察署查黑中心，檢舉馬英九的首長特別費有挪用作爲生活費之用；馬英九從神壇走下，這時大家才驚醒，原來馬英九也是個凡人。一向清廉自持甚高的馬英九，不僅留下了司法上的汙點，也提早暴露了他爭大位的野心。

綠營的指控是起因於更早的二〇〇六年六月，立委邱毅率先引爆總統國務機要費案，變成藍綠互控的相互毀滅；當時如日中天的馬英九，臺北市長兼國民黨主席，自然成爲綠營首要箭靶，事後馬英九爲了證明自己的清白，竟在被起訴當日同時宣布辭去國民黨主席，宣布參選二〇〇八年總統大選。

歷史又再次開了我們一次大玩笑，馬英九走過貪腐的危機，最後卻是以無能的形象下臺。歷史也告訴我們，千萬不要迷戀政治人物，特別是權力越大的政治人物，更是千萬不能抱有一絲絲的溫情主義，錯把整個國家的前途就這樣交出去。

馬英九被迫因案離開國民黨主席位置時的政治環境，正處於倒扁紅衫軍的狂熱氛圍，尚未散去。但有另一個指標，是同年底的北、高兩市直轄市長選舉。

二〇〇六年年底舉行的北、高直轄市長選舉，是選民對陳水扁政權的「不信任投票」；但南臺灣的高雄，還是投給了阿扁大力支持的陳菊。當時藍綠對決，民進黨內爲了如何面對陳水扁涉入貪腐弊案的態度，黨內當時林濁水、羅文嘉等人站出來希望黨內反省檢討，還被基本教義派貼上反扁「十一寇」的標籤。

即使陳水扁深陷弊案傳聞，國民黨在高雄市依舊沒有扳回一城；曾任吳敦義副手的中山大學教授黃俊英，小輸美麗島世代的陳菊一千一百一十四票，馬英九的光環依舊照耀不了南臺灣。

同樣的，臺北市長選舉，卻出現出奇低的百分之六十四投票率——從環保署長卸任投身臺北市長選舉的郝龍斌，雖以六十九萬多票，近百分之五十三點八一的戰果勝出，但比起馬英九二次市長選舉時所拿到的七十六萬多與八十七萬多票，有明顯的衰退。

這些已無法改變馬英九成爲國民黨總統候選人，馬英九也確實在二〇〇八年大選輕取民進黨對手謝長廷。

馬英九主導國民黨、改造國民黨，從臺北市長身分轉化爲總統之後，黨、政、軍、特一把抓，仍無力扭轉臺灣政治版圖的「北藍南綠」格局。

二〇一四年九合一地方選舉後，綠營成功搶占桃園市、新竹市、基隆市等北臺灣傳統深藍票倉，南臺灣自大安溪以南，除了不靠海的南投之外，全面綠化。有人戲稱，國民黨形同退守中央山脈、東部以及竹苗客家山區，一點也不爲過。

北藍南綠演變至此，兩岸關係當然也產生重大巨變，進入另一個重大拐點。

……………………………………

這個「北藍南綠」的政治格局，成爲中共對臺系統的痛。要改變這個結構，必須回到這個起始點才能找到答案。

中共對臺系統對此「北藍南綠」有情勢的誤判、有操作的過當，但很重要的一點就是，兩岸農業交流的因素因此「被迫絞入」其中，並想盡辦法要讓兩岸農業交流，成爲干擾臺灣選舉的外在變因。

北藍南綠的扭轉，因此成爲中共對臺工作的重中之重，農業交流被賦予的期待、關注與重要性，絕對非同小可。

二〇一二年習近平主政後定調，提出所謂對臺「三中一青：中南部群眾、中低收入階層、中產階級與青年族群」的工作，其濫觴也是臺灣政治版圖的「北藍南綠」。雖然，胡錦濤時期就曾強調，對臺工作要往下沉，要入島、入戶、入心，就是要對基層加大工作力度；但是對農民的「統戰工作」，如今看起來胡錦濤的作法受到了挑戰與質疑，但習近平仍沒有放棄對臺農民工作，反倒加大其力道。

中共對臺工作有其一貫性，自鄧小平以降，對臺政策的大方針從未改變，「和平統一、一國兩制」寫入中共歷史文件，成爲其對臺政策的最高指導原則，更是不容挑戰。從江澤民過渡到胡錦濤，民進黨陳水扁是一個全新的交往對象，原本期待二〇〇四年國親合作重新奪回政權的希望破滅，因此中共對臺系統內部出現「招安」、「懷柔」，與強硬派思維的內部鬥爭，中共對臺系統的鴿派，面對「島內」政黨領袖與廣大群眾，認爲要有不同作風。

根據情勢，胡錦濤總結了陳水扁連任後的對臺戰略，就是「硬的更硬、軟的更軟」。

陳水扁連任後，胡錦濤充分展現其對臺硬的一面；陳水扁第二任期推動公投入憲、發表一邊一國言論，出現嚴重暴衝，對軍隊沒有全盤掌握的胡錦濤深知動武的嚴肅性，因此後扁時期北京很巧妙地透過華府「監管」臺北，小布希政府幾次對臺灣發言警告，展現胡錦濤

「硬的一手」的策略風格，迂迴前進既能安撫內部鷹派，又能避免外部不必要的正面衝突。

在軟的一手，透過農產品採購鎖定臺灣中南部農民階級，以「農業讓利」為出發，由中共涉臺各個系統，靈活對臺採購當令農產品；其後，再回到國臺辦系統主導新聞發布，創造輿論有利因素，與臺灣親綠媒體，直接進行話語主導權的鬥爭。

馬英九的勝出，看似這樣的戰術得到了成效；但馬英九就任不久民調低迷不振，國臺辦擔心其是否順利連任，在二〇一二年選前把舊戲碼重新操作一次，同時輔以大財團、大老闆加碼演出，大打「九二共識」安定牌，確保了政策採購的「讓利牌」可以達陣。

但是，這種透過「國共買辦系統」進行操作的兩岸農業交流與讓利，不僅邊際效益快速遞減，也招致臺灣民意重大的反噬。

北藍南綠越來越嚴重，國臺辦政策上想要以農產品，特別是水果為一個誘因來引導農民，讓他們最終的政治支持意向徹底翻轉，原本就是一個高難度的政治工程；加上所託非人，誤信國民黨在基層組織的滲透力，以這樣的戰略想定、戰術作為來扭轉臺灣的政治版圖，注定失敗。

3. 換軌

以當今的政治、媒體氛圍回溯至二〇〇〇年到二〇〇四年這段期間，很多政治幕僚或政治工作者，因爲政黨首次輪替而失去舞臺，如果沒有強大的綠營背景與關係，或是不願意被貼上「哪一政黨」的標籤，在媒體記者轉職學術圈進修形成一股風潮下，大多選擇往學術圈發展，報考「研究所在職專班」最爲熱門。二〇〇三年間，我也利用在立法院擔任助理期間，報考「國家發展與兩岸關係碩士在職專班」，開始涉獵兩岸事務，也順勢把過去與大陸駐臺媒體記者的關係做一個轉化，成爲自己進修與工作的助力。

二〇〇四年十二月舉行的立委選舉，親民黨在宋楚瑜的率領下攻城掠地搶下三十五席；同年年中，在親民黨老戰友的召喚下，參與了這場立委選舉的輔選工作，對象就是後來鬧出烏龍共諜案的張顯耀。

張顯耀以其國安高層的工作資歷，在其親民黨內好友孫大千的推薦下，成功打入宋楚瑜的決策核心。在協助張顯耀輔選半年多的長官部屬關係，深切明瞭其特有的「神祕作風」；返回高雄協助張顯耀選舉立委的文宣、新聞工作，助他以第二高票當選高雄市左楠選區立委後，也因為他這特殊的行事風格，並未留在他的團隊，反而陰錯陽差地在當時高雄縣農會秘書蕭漢俊的推薦下，來到了一個自己過去不曾深入接觸的農會系統所推舉的國民黨不分區立委白添枝國會辦公室，繼續政治幕僚工作。

此時，扁政府深陷國務機要費漩渦，馬英九也因特別費案糾葛不清，直轄市長又選得不如預期，種種因素引爆的泛藍基層不安氛圍，再次出現。

二〇〇五年馬英九所推薦的國民黨地方首長，到了任期結束之際已陸續出現貪腐跡象——時任基隆市長許財利，因案被判刑就是最好的例證。

基隆有其特殊的政治環境，民進黨靠著國民黨藍營的分裂，曾執政過基隆市府，也在立委多席次選制時，至少保有一席的空間。直到二〇一四年林右昌才打破這樣的藍綠板塊，但十年前的基隆，如果想要反國民黨，簡直是天方夜譚。

因為立法院助理工作的彈性，加上本性對於政治人物說一套、做一套，標準不一的厭惡，在許財利二審判決確定之後，找了當時立委周守訓國會辦公室主任程詩郁，加上幾位不怕老闆開除的國民黨籍立委辦公室的助理們，串連發動了國民黨內的一場「小革命」。

二〇〇五年十二月七日，和程詩郁以國民黨「改革連線」發起人之名，投書中國時報民意論壇：「往感動人民的力量凝聚」。文中陳述馬英九就任中國國民黨主席後，徒具改革之名，卻沒有感動人民，國民黨不能坐視民進黨執政的腐敗，就以為能夠換得民眾之心。

這樣的陳述在當時國民黨「江山一片大好」的氛圍下，激不起太多人的注意。於是，幾個人核心成員決定搞大一點：先是派人到國民黨中常會親自向馬英九遞交改革連線的聲明，另一方面到基隆火車站前擺桌罷免許財利，要求中央與地方黨部表態。

這樣的舉措遭致基隆市國民黨籍里長的「惡言相向」，成員各自的國民黨籍立委老闆也都分別接到黨中央的關切，意圖打壓黨內年輕人的改革聲浪。就在大家玩不下去的時候，連勝文的好友李德維、張斯綱等所謂的國民黨內「青年軍」，他們早已成立「五六七大聯盟」並取得黨內職位，呼籲黨內改革；在火車站罷免行動受阻之後，張斯綱等人透過管道主動與改革連線成員聯繫，表達合作之意。

改革連線與五六七大聯盟結合，選擇在立法院中興大樓一樓共同召開記者會，要求馬英九主席處理許財利案，要為當初「馬利兄弟」負責；當馬英九只是道歉、開除許財利黨籍時，我們更希望看到「由黨中央出面主導罷免許財利」。

許財利案是測試馬英九改革眞假的一個試金石。一群立法院小助理對抗黨主席，當然不會有好下場；這個事件，不過是國民黨從在野過渡到執政過程中的一個小小漣漪，既無損馬英九在黨內的領導威信，也無礙國民黨的重返執政道路。

但在歷經此事之後，完全認清國民黨的本質，也看清馬英九眞面目。這對於日後參與兩岸農業交流，特別是與國民黨高層交手時，起了不少的幫助；不管是媒體關係的建立、或來自媒體圈朋友的協助，都與這場小小黨內革命有很直接的關係。

……………………………

立法院助理工作暫告一段落，研讀兩岸關係的課程也告一段落，藉著撰寫碩士論文的機會到了北京訪談幾位重量級的智庫學者，針對當時的美、中、臺，以及兩岸關係，進行論文資料蒐集。

透過媒體圈老友N君的引薦，安排了就讀北京大學國際關係研究院的老師，接受訪談。同時，也認識了北京對臺系統的中層官員，不管是學術討論，還是非官方的政局情勢交換，不僅學以致用，也對未來面對兩岸農業交流官方正式談判的接觸，有很大的關鍵性影響。

二〇〇四年四月間，到北京的北四環外一處小區，訪談一位據稱是胡錦濤重要諮詢學者的北大教授，當時他就中國是美國國債的最大持有國，以及美國極需中國在六邊會談中發揮影響力以箝制北韓，加上當時小布希政府的全球反恐布局等情勢，談論道：「現在的中、美關係，是自一九七八年雙邊建交以來最密切的時期！」他接著說：「如果兩岸局勢出現大的變化，基於中、美兩國的共同利益，出現『中、美共管臺灣』的情勢，也不令人意外！」

那個時候北京正面對陳水扁第二任期上任的準備，外界對於民進黨的繼續執政，是否帶給兩岸關係新的動盪，存在著不安；但是這名教授最後說，以他所理解的胡錦濤對臺策略，一定會把硬的一手準備好，但軟的一手才是他會眞正落實執行的部分。

農業成爲未來「軟的一手」的重要場域，甚至主宰往後兩岸交流，成爲對臺統戰的重中之重，已經在這樣的大格局中體現。

與中共對臺中層官員的非正式接觸，主要是回到民進黨主政四年，國親合作卻仍無法重回執政，打亂了對臺系統的布局。從這樣的非正式談話中得知，除了政治議題的操作，政黨人士的接觸這類行之多年的工作之外，對所謂「臺灣民間人士的廣泛接觸與交往」，確實可以嗅出這樣的味道。回顧中共對臺工作，從早期兩岸間漢賊不兩立，一九八六年華航貨機王錫爵事件的香港第三地磋商，到金門協議紅十字會接觸模式，避不開政治也必須圍繞政治。

但民進黨繼續執政，確實讓對臺系統重新檢討，擴大臺灣民意的支持這條道路，或許才是爭取臺灣民心的正道；該如何開展，也就成爲這些涉臺官員的談話重點。媒體與政治幕僚相承的工作經驗，可以從客觀第三人的角色，去詮釋選票結構背後的民意向背，以及底層結構的樣態。不敢說提供全貌，但在這樣的互動過程中，有了此次初體驗，至少可以一窺「對臺官員的思維邏輯」，在往後與中共負責農業問題官員的接觸談判上，建立了基本的「敵情意識」。

4. 亂局

二〇〇八年五月二十日馬英九風風光光上臺，他絕對沒料到一個莫拉克風災就毀了他的行政團隊的領導威信與能力。馬英九從神壇走下來的速度之快，始料未及，也連帶影響兩岸交流進程；同時，因爲民怨攀升也讓馬施政裹足不前，對於所謂的對臺系統一再強調「面對兩岸交流的歷史新拐點，臺灣當局要抓緊此契機」的期望落空。

馬政府從劉兆玄到吳敦義，頭四年施政，油電雙漲、美牛爭議、房價飆漲等，民怨四起，無能總統名號、博士團隊治國不力等，終被冠上「九趴總統」（民調只剩百分之九）。不過，這些只是內政上的問題，馬英九對外雖不再烽火外交，也不再是美國人眼中的麻煩製造者，但兩岸關係「過度傾中」卻一直到二〇一四年太陽花學運後社會大眾才看懂，原來這是一種「以財團利益爲優先」的政策思考，也是導致馬英九民怨高漲的重要原因。

身兼國民黨黨主席的馬英九，上任初始任命金溥聰爲黨秘書長，外界始終批評這樣的「小圈圈」決策；金溥聰大舉任用親信、學生，讓國民黨弱化到選舉機器的基本面，特別是原本可以有所發揮的兩岸「黨對黨」機制，也因爲兩岸交流的制度化、常態化，國民黨陸工會變成服務臺商的單一功能；黨際交流的部分，也因爲馬英九總統身分的敏感性，也只能委以榮譽主席吳伯雄代理，使得國共平臺的功能依舊停留在「連系說了算」。特別是幾次的國共論壇，身兼國民黨智庫功能的「財團法人國政基金會」，幾乎成爲連戰的私人秘書，每每連戰前往中國大陸，相關前置作業都由國政基金會代行。

江丙坤、王志剛等占據了海基會董事長、外貿協會董事長的職位，加上原本的國民黨榮譽主席連戰、吳伯雄等系統，這國民黨四大老，更壓縮了馬英九在黨政合一下原本可以揮灑的兩岸空間。

馬英九唯一的貢獻，就是死守蘇起發明的九二共識，然後加上的一中各表，再以「不統、不獨、不武」、「親美、友日、和中」的幾項大戰略，穩住了二〇〇八年後的兩岸關係。

一位長期派駐臺灣的資深陸媒記者，在退休離開線上時感慨表示：從二〇〇一年扁政府開放中國大陸五家中央級媒體來臺駐點採訪迄今，幾件讓他感觸特深的事情，其中之一就是國民黨的高階黨工，眞是一代不如一代！他表示，在馬剛就任時，至少當時文傳會主委楊渡、陸工會主任高輝，還會定期與他們這一批駐臺陸媒交換意見；但是到後來，接任者索性連基本的客往迎來的禮數都免了，把他們這群駐臺記者視爲隱形人似的！

這位從八〇年代就在香港與臺灣人士展開非正式接觸的資深對臺記者的「離臺感言」，正說明了馬英九當選總統前與就任總統後，對兩岸交流的態度的一百八十度轉變。兩岸交流落到今天這個田地，套句李登輝在二〇一五年初所說的「公民覺醒」，對國民黨馬英九主導下的兩岸事務，最後以走上街頭、占領立法院、投下反對票爲終止，脈絡有跡可循，但也讓人不勝唏噓。

正因國民黨中央弱化兩岸關係，才讓黨中央之外的人找到縫隙可鑽；正因馬英九對兩岸政策太有自信，才忽略了官僚體系的敷衍心態，對兩岸交流造成斲傷。

黨務體系的自我閹割已經很嚴重，政務體系更是不遑多讓。馬英九雖從中央到地方、行政權到國會權一把抓的全面執政，到受制行政體系與國會之間的溝通互動不佳所羈絆，政令無法貫徹。

黨際事務的兩岸交流被代理人搶奪，行政體系又擺出事不關己的態度，在這兩個因素的加乘下，使得基層民眾對馬政府執行兩岸關係的往來過程，產生了各種感受度不同的落差：

包括基層民眾對兩岸交流速度的認知有落差、對交往過程的深入程度有落差、對交流層面向與執行方式的見解有落差。

正是這樣的情勢發展，孳生了兩岸農業買辦集團的擴大與囂張。對此，執政當局當然要負起最大責任，漠視民意走向，一意孤行的決策模式，更拉大馬英九執政團隊與基層群眾的距離。這一點，也導致對臺系統在執行「對臺農業統戰」的成效，產生嚴重的負面效應。

兩岸農業交流衍生的負面效應，其背後共犯結構迄今仍未完全浮上檯面；在兩岸關係陷入「深水區」僵局停滯之際，中共中央對臺系統似乎又回過頭來轉向更強硬的一手，對臺灣政治領導階層的各種不耐也似乎有意無意地釋放，進而希望更擴大與臺灣民眾交心的寄望也益加明確。如果這個亂局沒有因為馬英九政權的即將結束，而讓臺灣內部建立起新共識去面對隱然成形的對臺全面壓力，繼續虛耗兩岸好不容易建立起的互信基礎，這場亂局只會在二○一六年之後繼續加場演出，當那一天到來時，絕對不是臺灣民眾之福。

第二章
升溫

二〇〇四年底，結束南部的立委輔選工作回到臺北。某天，在松江路上的御書園咖啡廳，和幾位親民黨政治幕僚、資深兩岸線記者，聊到了這次立委選舉的結果。

大家在閒扯之際，剛從中國大陸採訪回臺的學長突然問到了：爲什麼民進黨在總統、縣市長這種大選區、單一席次的選舉中，可以在中南部基層無往不利；但在多席次的區域立委選舉結果，卻未必占有絕對優勢？難道臺灣的政治版圖「北藍南綠」的格局不能打破？

當時脫口而出：士農工商，只剩下「農民」這個階級，還沒有辦法到中國大陸賺錢！中南部農民占多數，感受不到中國大陸市場開放所帶來的利多。

一直要等到很後來，才明瞭中國大陸農產品市場的「水」有多深，要把臺灣水果賣到中國大陸的「學問」有多深！

1. 探底

在兩岸農業交流還沒有成爲議題之前，不論人員、技術的往來，或是實際的農產品進出口，都在一個隱晦而不能言說的情境下，偷偷進行。

以大家耳熟能詳的香菇走私爲例，早在一九八九年天安門事件之後，臺商藉著全世界對中國大陸進行經濟制裁之際，就有農民出走中國大陸，技術輸出。比較有名的像是甲魚養殖來到了海南省，後來轉進廣東省惠州；或後來受口蹄疫影響，就有在臺灣活不下去的豬農順勢遷移中國大陸。又像是種植芒果、蓮霧、番石榴、釋迦等農民，把技術帶到海南、廣東、廣西與福建等緯度、氣候與臺灣南部相當的沿海省份或地區，更是不勝枚舉。

這些產業與技術的「西進」，卻在十多年後成爲臺灣水果登陸中國大陸市場的「絆腳石」，恐怕也是當初鼓勵臺灣農民到中國大陸落地生根的鼓動者，所沒有想到的場景。

那個年代的兩岸農業交流，以臺灣與海南省兩造之間最爲熱絡，一九九〇年代臺灣方面還多次由農委會卸任主委這樣的層級，組成大規模的考察團，前往海南島實地考察，也依例邀請海南省農政官員到臺灣回訪。

就當時兩岸間的經濟發展落差，加上臺灣農業的特色，確實當兩岸彼此打開大門之後，相同領域之間從訊息、技術到市場，彼此「通氣」也是一件很自然的事情。與現在大張旗鼓宣揚的交流方式相比，多了那麼點「政治統戰」味道之後，反而很多實質面的交往最後都事倍功半。

農民要賺中國大陸的錢，初期除了少數在臺灣或走投無路、或初具資本規模的「農企業」有本事西進中國市場之外，其餘的個體小農，不是受年紀稍長因素，就是受「安土重遷」的思維影響，不敢也不會想像中國大陸市場有多大。敢出走的農民，以畜牧、水產養殖戶居多；以當前政府對農業技術的管制來看，當年這些「技術輸出」都是偷偷摸摸進行，不被允許的。

爾後的一個機會前往廈門參觀臺灣種豬落地生根的成功經驗，這位已經完全在地化的臺灣種豬專家，講到當年「賭上最後一把」的心情到中國大陸，必須趕在飛機起飛前的三小時從公豬取精，然後趕往機場，從香港偷偷帶著種豬的精液，再轉赴廈門，中間時程的每個環節，都必須經過精準的計算與規劃，稍有延誤或是被入出境檢疫查察，就前功盡棄。

有類似的案例是大喇喇地接受中國大陸地方政府的邀約，在兩岸尚未全面交流的條件限制下，直接轉化爲港資進入中國大陸大規模設廠投資，最後成爲廣西省最重要的種豬場。

水果農民的遭遇就沒那麼幸運。認識一位彰化農民帶著懂愛文芒果種植技術的老農，也是在一九八九年之後福建漳浦一帶，找到了與屏東、臺南相似的生產基地。經過三年的投資，收了第一次果之後，卻因爲不熟悉中國大陸銷售門道、運送方式，最後一車又一車的芒果就這樣爛在高速公路上，慘賠回到臺灣。

⋯⋯⋯⋯⋯⋯⋯⋯⋯⋯⋯⋯⋯⋯⋯⋯⋯⋯⋯⋯⋯⋯⋯

以民間的政治力量，純粹由農民自發性透過正常貿易管道，在中國大陸尚未對臺灣實施零關稅優惠措施之前，就透過轉口貿易模式把臺灣水果賣到中國大陸的，當中較具知名度的就是成功推廣「水晶芭樂」的高雄燕巢農民賴錫堯。

「賴桑」習慣性地泡好茶，坐在「吉建果菜運銷合作社」集貨場的茶几前，娓娓道來從事農民團體經營的甘苦。

賴桑離開農會系統自立門戶成立「蔬果產銷合作社」——這個有別於農會系統，而是依據國內《合作社法》由農民自發性成立的經營組織——並且擔任這間合作社理事主席。像賴桑這樣農民出身後來轉型爲經營者，或農民之間組成合作社擔任領導者，在法令開放之後農業運銷合作社如雨後春筍成立，許多農民也自立門戶，並開展多角化的經營。保守估計，目前全臺已超過千家「果菜產銷合作社」，負責爲農民提供農產品的集貨、運輸與銷售的服務工作。

農業運銷合作社的興起，當然和農會系統被地方派系長期把持有很大的關係；前者屬於內政部業管，後者爲農委會；前者更專注於「農產品運銷」這一單項業務，農會因特別法之故，農產品運銷業務只是其一。不精準的統計顯示，只要當地農會系統被國民黨壟斷越久，合作社的發展就越蓬勃；或是，民進黨籍地方首長若想要邊緣化鄉鎮農會的影響力，在選舉翻盤不成的情況下，便會轉向扶持農民自組合作社，在基層與之抗衡。

合作社的經營完全自負盈虧，向農民收取百分之零點一至百分之零點四不等的手續費用爲主要營收。經營成功者一年營業額上億元，但經營不善、搞不下去的也大有人在。賴桑說，像他這樣以高雄燕巢地區的番石榴爲主，然後把周邊縣市水果也都納入服務範圍，並且全年不打烊的服務模式，才有辦法創造出一年幾千萬的營業額。

因爲合作社的組成只需要有七名農民爲發起即可組成，所以單單以蔬果運銷合作社爲名的約八百家，又分屬於「台灣農業合作社聯合社」（簡稱農聯社）、「中華民國農業合作社聯合社」（簡稱國聯社）兩大系統；另外，老字號的「保證責任台灣省青果運銷合作社」（簡稱青果社）在結束香蕉外銷日本的特許之後，也專注於輔導旗下農民社員國內蔬果運銷的服務工作。如果再加上中華民國農會系統，全臺等於有四大系統專責對基層農民提供蔬果國內運輸銷售的服務。

這幾年，受中國大陸觀光客來臺的影響，以及農產品外銷的話題效應，加上接連的食安風暴，民眾對生鮮蔬果需求大增，使得蔬果平均批發單價都大幅翻倍，多數的蔬果運銷合作社經營者，依年度計算都有不錯的獲利數字。

賴桑說，在兩岸還沒有小三通、大三通的八〇年代末、九〇年代初期，農民不像其他行業早已紛紛西進中國大陸，仍然賺不了中國大陸的錢。但臺灣水果名號威名遠播，特別是南臺灣的熱帶水果；當時，就在高雄農改場某位博士的熱心率領下，找來了種植番石榴、芒果、蓮霧、木瓜、棗子這些熱帶水果的農民，籌組了南臺灣「熱帶水果產銷聯盟」。

這個聯盟一成立，果眞有香港貿易商找上門來，經由香港把臺灣水果轉口至中國大陸深圳銷售。賴桑就是在這個情況下接到這些訂單，但這筆水果轉口貿易走到最後，面臨農產品貿易一定會出現的爭議：買方對產品的品質認定，不像工業產品有一個絕對客觀的數值可供評斷。

賴桑說，他們不可能派駐專人到深圳市場，協同香港進口商共同清點驗收。對賴錫堯而言，不論他扮演的是直接生產者或是中間出口商的角色，水果買賣對農民而言就是銀貨兩訖。不只賴錫堯希望用這樣的模式，每一位要把水果賣到國外的農民、出口商，都習慣水果買斷的交易模式，迄今沒有太大改變。

農產品出口，是一個環環相扣的流程，貨品售出只要當下沒有問題，或是在雙方約定好的一個固定比例的「耗損」之內，是不能退貨、拒不付款。買賣雙方可以簽定商業合約保障彼此權利義務關係，但農民與貿易商、出口商之間卻很少有白紙黑字，或是依合約執行的。農產品進出口的風險值如果沒有累積到一定程度或臨界點，出現爭端的解決方式就是以最後一次出貨做「交易籌碼」：買方會堅持賣方把最後一筆訂單交付，相對的賣方也會以拒運最後一筆訂單做爲要脅。農產品貿易爭議經常出現，貿易商眞要吃定農民，農民也只能自認倒楣。

在兩岸還尚未啟動正式貿易往來之前，透過香港轉口的年代，類似賴錫堯這樣的案例不少，有些人打下了基礎，但更多人退出這個市場。不能說香港商人過於奸巧，也不能就此定論臺灣出口方完全沒責任，雙邊除了甜度可以用甜度計爲計算基準外，對於品質、口感、賣相等驗收認定都「自由心證」，很難擬定一個客觀的標準值。加上水果到港後的耗損比例認定，往往會存在很大落差，出現爭端後生意走不下去，訂單被取消是遲早的事情。

小額貿易量是支撐不起一個產業的。從台灣省青果運銷合作社香蕉外銷日本沒落之後，臺灣農產品特別是水果出口，很多經驗值與人才出現斷層；進口商當然持續從全球進口臺灣有季節性短缺的蘋果、鳳梨、西瓜、花椰菜、馬鈴薯、洋蔥、美生菜等大宗需求蔬果，以及其他單品項的特殊性蔬果商品。

在中國大陸市場沒有開放之前，臺灣蔬果出口部分一直就是以日本、新加坡、香港，或是遠一點的加拿大、美西這幾個市場爲主。

從產業面的角度來看，出口市場占比不大，生產面積也不具規模，在香蕉外銷日本萎縮，產業崩解之後，到現在爲止並沒有哪一項水果接替香蕉的角色，成爲臺灣外銷水果的主力產品，進而把產業鏈帶動起來。

再來說說臺灣鳳梨，因爲中國大陸來臺旅客熱購鳳梨酥，加上中國大陸以非關稅貿易障礙干擾菲律賓鳳梨進入中國大陸市場，使得臺灣鳳梨種植面積、出口業績都大幅提升。但明眼人一看都知道，很多仍是農民的「瘋狂搶種」，即使參加鳳梨酥加工廠的契作，也有可能因爲鳳梨酥銷售熱潮退燒之後，使得市場出現供過於求，農民最終仍得認賠殺出。

賴錫堯這樣「單兵作戰」的農民組織，背後雖有策略聯盟支撐，在「水果貨源取得」上掌握有一定優勢之外，在兩岸沒有正式交流的那個階段，面對海外市場競爭不確定所產生的無力感，也逼使這位農業老兵在水果轉出口到中國大陸這個生意，不得不暫時鳴兵收金。

如今看到活躍於中國大陸市場的臺灣水果出口供應商，不是靠著連主席、宋主席政黨關係牽進中國大陸，就是從事其他國家水果進出口，延伸觸角到中國大陸市場而來。政治影響力確實能幫助「中間商」的商人一臂之力，但農民誰來照顧，一直以來都是口實而不惠，也才會引來這麼多的爭議。

……………………

筆者多次到燕巢和賴錫堯閒話家常，十分清楚這位勤奮的農民在轉型成爲管理者之後，更加重視的是「風險控管」，也就是任何一筆訂單，不論來自臺灣或海外，「收款安全」永遠要放在第一位。畢竟，在水果運銷的最上層，只對農民收取服務費，利潤微薄，誰都禁不起貿易商倒帳一次的風險。

出口水果的收款安全性，一定要做到零風險，也就是一次都不應該發生，否則農民如何放心把水果交到你手上。理論上，只要在出口前做好品質把關工作，就不應有收不到錢的風險發生。但農民被貿易商倒帳的事情時有所聞，更加深了農民對新興市場的不信任，特別像是中國大陸這原本就屬於高風險市場的地方。

直到今天，中國大陸農產品進出口行業，他們的付款方式多數仍採用「貨到付款」，與臺灣農民所要求的「銀貨兩訖」，完全沒有交集。正因爲如此，中間商的角色自得承接兩邊的收付款風險。臺灣貿易商與中國大陸通路商簽訂買賣合約，如果沒有特別要求，買方多是收到水果後七到十天，以電匯方式把貨款交付賣方。

這樣的付款方式，根本沒有臺灣農民可以承受。中國大陸買家並不習慣國際貿易的「遠期信用狀」付款概念，如果臺灣農民前面沒有頂著「中間出口商」，而是自己扮演生產兼出口的角色，就會像賴錫堯這樣，碰到收不到錢的問題。

賴錫堯遭遇的問題還有解，因爲他本身既是農民，又是農民合作社負責人，可承擔部分的出口風險，方能在兩岸完全不通透的年代，把臺灣水果經香港轉口到中國大陸銷售。

這樣的嘗試模式，也在後來被很多農民吸收；有農民爲了出口，組成果菜運銷合作社專責農產品出口的業務，也漸漸壯大合作社組織在農產品出口上的橫向資源整合能力。

堅持品質把關不僅僅是爲了降低收款風險，更可據此建立「品牌商譽」。

賴錫堯他們當初打著臺灣熱帶水果產銷聯盟，雖然規模不大、名聲不響，但終究是一個品牌化的概念。當「臺灣水果」在中國大陸成爲一個品牌時，卻沒有相關的防制手段，導致在中國大陸市場出現大批的「在中國內地生產的臺灣品種水果」；當這些「中國大陸種植的臺灣品種水果」也打著臺灣水果的名號時，就注定了臺灣水果在中國大陸市場的銷售失敗。

此一現象在一九八九年天安門事件後逐漸出現，當時國際間對中國大陸實施經濟制裁，臺灣商人大舉進軍廣東沿海，以傳統產業爲主，集中珠江三角洲的產業鏈群聚；但就在這個時候，已經有臺灣農民或到海南島，或在廣州周邊，種植愛文芒果、黑金剛蓮霧等臺灣品系的熱帶水果。

爾後，中國大陸市場上出現臺灣水果，在二〇〇五年兩岸農產品尚未開放之前，幾乎都是來自這些臺灣農民在中國沿海氣候與臺灣相當的地區所種植的。

在這樣一個漸次的升溫過程中，臺灣的水果出口商結合農民供應者，在初具產業鏈雛形階段，剛好就遇上了臺灣政治氛圍的大轉變年代；而這個大轉變，剛好觸碰到北京的敏感神經——臺灣農民加上臺灣水果，這樣的政治圖騰符號，不僅取得正當性，更堂堂登上兩岸交流舞臺，成爲主角。而沒有歷經兩岸相互探底的階段，兩岸農業交流也就不會如此跌跌撞撞持續走了這十年！

2. 先行者

二〇〇四年九月十六日中國共產黨召開第十六屆第四中全會，江澤民辭去中共中央軍委主席，由胡錦濤接任；江澤民「送人上馬」的動作，讓胡錦濤晚了兩年才能全面接棒。

此時臺灣內部，立委選戰正酣，兩岸議題也因爲陳水扁連任後的陸委會主委，派任其總統府副秘書長吳釗燮出任，取代了風評不差、任內推動「小三通」的蔡英文，使得兩岸情勢變得更加詭譎。從蔡英文手上接任陸委會主委位置的吳釗燮，因爲有位深綠背景的叔父吳澧培，而被外界劃上「鷹派」，但他也很清楚扁的第二任期想要在兩岸上有所突破，除了「蔡規吳隨」外，更需要創造有利恢復兩岸高層談判的條件。

吳釗燮一就任就放出政治風向球，希望邀請當時海協會會長汪道涵來訪，但並未獲致對岸進一步回應。從中國大陸的角度視之，阿扁第二任期的兩岸關係發展，已經不能再採取被動的「聽其言、觀其行」，也不能再遷就「島內」政治人物的好惡，任「臺獨勢力氣燄持續囂張」。

兩岸僵局必須找到一個破口，必須繞過阿扁政府主動對臺出擊。胡錦濤發表的對臺工作「四點意見」，在其全面掌權之後成爲取代江八點的對臺工作最高指導原則；面對陳水扁政權的第二個四年任期，反獨勝於促統，但也要加上對臺灣民心的攏絡工作。

在這個戰略指導方針下，農業、農民，就成了一個最佳的介面；農產品進出口，兩岸沒有實施大三通讓農產品保鮮出現大問題，也就成爲一個可以「以民逼政」，迫使扁政府要面對處理的課題。於是，從農民切入到農產品，再深入到中南部熱帶水果在中國大陸市場銷售問題必須有全面大三通爲依靠。在此架構下，中共對臺系統發起的對臺灣中南部「農業統戰」工作，就此開展。

⋯⋯⋯⋯⋯⋯⋯⋯⋯⋯⋯⋯⋯⋯

順著這樣的對臺戰略轉向，臺灣內部政治力量嗅出這個味道，以行動倡議「打開中國大陸市場，引爆臺灣水果議論」的啟動者，不是大家所熟知的國民黨前主席連戰，而是民進黨前主席許信良先生。

更精準地說，中國大陸拋出「寄希望於臺灣人民」的這個球，只有許信良先生精準地看到，並且以實際行動證明自己再次成功扮演政治先知。

早在九〇年代提出大膽西進的許主席，在兩岸關係發展上提出許多超前觀點，讓後生晚輩望之莫及；中國大陸高層對許主席的尊重與禮遇，在綠營重量級人士當中，當然也無人與之睥睨。

也就在這樣一個相互理解與尊重的默契下，二〇〇四年十一月八日上午，許信良以無黨籍臺北市南區立委候選人身分，邀集了二十一位臺灣農業界重量級人物，組成了「兩岸農業交流訪問團」出訪北京、上海。

許信良當時清楚指出「大陸是最靠近臺灣的最大經濟體與市場，沒有理由不接觸，也沒有辦法逃避其影響。因此，在立法委員選舉期間，希望兩岸關係及農業問題，能成爲被認眞討論的問題。爲了臺灣農民的出路，希望在二〇〇六年以後，臺灣農產品能合理銷往大陸，也希望大陸方面會打擊到臺灣農民的農產品不要傾銷臺灣，是一種互利的交流，不是惡性的競爭」。

這件事情在當時引發輿論非議。蘋果日報報導稱，這是「另類的選舉造勢手段」，但更多親綠評論者多認爲這是中共對臺統戰的「高招」，許主席只是被拱上當「人頭」罷了！

這樣的評論過於簡化，也輕忽了兩岸之間交往過程中，彼此角力、博弈，到確定自身利益的極大化，沒有像許主席這種輩分的人出手，也很難探出中共對臺的「統戰底牌」。因此，把整個事件簡化爲單純的選舉招數，確實小看了這個訪問團的意義。

事後來看，這個動作可以稱之爲「中共對臺展開農業統戰的『起手式』」！把這個起手式放入兩岸農業交流十年的源頭，是十分重要的。

當初沒有許主席配合這樣的起手式，甚至提出一些先見之明，恐怕後續的參與者都將頓失方向。而大家熟知的兩岸農業交往以二〇〇五年連戰與胡錦濤歷史一握之後熱鬧開展，當中提到的解決臺灣農產品在中國大陸的銷售問題，以及後續國民黨政治人物談論有關兩岸農業交流的課題，幾乎都在許信良當年的這個參訪團中，一網打盡。

……………………………………

從解讀歷史新聞事件回溯，許主席籌組這麼一個高規格的農業團訪北京，與其說是特意選在立委選舉的時機點，不如說是在二〇〇四年陳水扁的連任成功，引發中共對臺系統的高度不安之時。

這個事件背後，是否有制衡當時中共內部對臺鷹派勢力的抬頭，無從查證。但二〇〇四年五月十七日，中共中央對臺事務辦公室授權發表「五一七聲明」指出：只要臺灣當局承認大陸和臺灣同屬一個中國，摒棄「臺獨」主張，停止「臺獨」活動，兩岸關係即可展現和平穩定發展的光明前景，包括恢復兩岸對話與談判、實現全面直接雙向「三通」、建立緊密的兩岸經濟合作安排和臺灣農產品在大陸獲得廣闊的銷售市場等都可以實現。

在陳水扁連任後，中共對臺軟硬兩手策略拉大，硬的一手就是五一七聲明，軟的一手具體而微展現在許信良籌組的農業訪問團上。從戰略術語來看，就是要以經濟手段拉進臺灣與中國大陸的距離，避免臺灣與中國大陸漸行漸遠；三通、恢復交流、擴大經濟合作，以及單獨針對臺灣農產品以「中國大陸市場爲誘因」，拉出對農民的統戰問題，顯示了當時中共領導人胡錦濤內心對臺的焦慮，深怕陳水扁第二任期搞公投修憲，達成實質上的法理臺獨；胡錦濤的對臺幕僚深知，中國大陸經濟發展的勢頭和廣大市場誘因，是攏絡臺灣民心的最佳武器，也是牽制臺灣無法脫離中國大陸的最高手段。

從二〇〇四年五月起，一直到許主席組團出訪這段時間，臺灣內部政治動態是什麼？街頭抗議選舉兩顆子彈與重新驗票這兩大訴求，最後都回歸原點；馬英九繼續穩坐臺北市長，且虎視眈眈地按照他的步驟，一步步除去擋在他眼前的四顆大石頭：連、宋、王、吳。

同一時間，民進黨因為勝選連任往深綠靠攏；緊接著，年底立委選舉親民黨與國民黨「兄弟登山、各自努力」，但最終泛藍兩黨並未實質合併對抗泛綠的民進黨加臺聯陣營，導致國民黨席次較上次增加十一席，親民黨較上次減少十二席。選舉結果藍綠版圖沒有出現大規模的板塊移動；親民黨認為國民黨私下扯其後腿，讓該黨立委候選人得票大幅流失，就此鑄下國、親兩黨的分離，也影響了後續兩岸交流的發展格局。

許信良這位政治道路的孤獨先知者，面對這樣的政治亂局，決定走一條不一樣的道路。當時，國內政局仍陷內鬥的紛擾，檯面上政治人物只有許信良清楚地看懂了中共中央臺辦發出的五一七聲明當中「軟的一手」：臺灣農產品在中國大陸獲得廣闊的銷售市場的實現工作。

「兩岸農業交流訪問團」一踏上北京，便見到了當時分管農業的中國大陸國務院副總理回良玉、國臺辦主任陳雲林；緊接著當天又安排和國務院臺辦副主任李炳才，以及農業部、商務部、海關總署、質檢總局等相關業務負責人，就加強兩岸農業合作和兩岸農產品貿易進行交流座談。

從回良玉與陳雲林兩位中央級官員對許信良參訪團的談話內容中，可以看出除了高舉反臺獨的基本論調外，更提到了兩岸在一九八〇年代兩岸農業界通過人員往來、參觀考察、召開各種專業研討會和經貿洽談會等，推動了兩岸農業交流與合作。兩人也不忘對臺灣農民統戰，表示在大陸投資的臺資農業企業總體經營狀況良好，確立了初步交流的基礎；同時也提到中國大陸在近幾年針對兩岸農業交流所採取的措施，包括設立六個「海峽兩岸農業合作試驗區」。回良玉與陳雲林並以「臺灣農民兄弟」稱呼到訪的農業交流訪問團成員，向他們表示，中國大陸有誠意以最大努力，共同克服由於臺灣政府單方面做出的限制和阻撓，及其所造成臺灣農產品銷往大陸的困難。

這樣的談話基調，就是順著五一七聲明當中的兩岸農業交流布局，提出中共中央對臺系統的一套完整戰略與做法，也已經確立了未來中共對臺農業交流的框架。

只可惜，許信良所率的訪問團回到臺灣，媒體正面回應呼籲的不多，討論者多持負面的被統戰觀點視之。扁政府絕不可能隨之起舞，當然也不會有人認眞探討對岸所釋放出的訊息，去認眞檢視其內涵要義了！

許信良主席邀集了來自宜蘭、雲林、嘉義、臺南、高雄、屏東等地的農會理事長或理事層級的人組團出訪北京、上海，一行人於二〇〇四年十一月十三日返國當天隨即在立法院舉行記者會，說明出訪的收穫。

記者會上雲林縣農會理事長謝永輝表示，訪問團一再要求希望未來臺灣出口農產品到中國，可享有關稅全免及簡化檢疫程序，中國方面答應盡量比照泰國的方法辦理。這是第一次有人公開呼籲，要對臺灣農產品給予「零關稅優惠」的濫觴。

很重要的一點是，當時臺灣農業界代表提出的是「雙邊相互往來」，因此在貿易上也是「有進有出」；對於臺灣沒有生產的糧食作物，採取開放的態度。

這一點和馬英九在二〇〇八年競選總統時，一再高喊「我不會賣臺、我只賣臺灣水果！」大相逕庭。馬政府一直沒有解除對中國大陸農產品輸入臺灣的正面表列管制，迄今不見任何一絲讓步跡象。

兩者共同點在於，不希望中共對臺灣傾銷農產品造成臺灣農業的傷害，打擊到臺灣農民。只是許信良當時訪問團成員，更懂得農產品的「互通有無」；特別是臺灣沒有大量生產的糧食作物，從距離較近的中國大陸購買，有運輸成本上的優勢，對農民當然是一大利多。馬政府則擔心被罵賣臺，繼續管制八百三十項大陸農產品進口，對前政府已開放的一千四百一十五項也不降關稅，固守防線的結果反致自身談判籌碼盡失。

關於這一點，中國大陸的善意做足，雖然檯面下在談判時施壓不小，但迄今沒有要臺灣打開農產品市場大門不可；即使中國大陸各個分類別農產品協會的遊說力道很大，我方仍堅持不讓。

臺灣農產品基本上已經是一個開放市場，但是對於中國大陸農產品的開放與否，卻不單單是兩岸間的問題，這不僅和世界貿易組織的規範有關，也和美、日強權自身利益的關切有關。但以當時的兩岸氛圍視之，許主席當時以立委參選人身分，帶著農業界代表組團前往，呼應臺灣與中國大陸在農業議題上合作的倡議，至今回顧省思，仍可見其高瞻遠矚之處。

3. 階級

許信良的出訪，並未在立委選舉結果引發太大的改變；立委選舉結果出爐，仍是藍綠兩黨分治，依舊是北藍南綠，格局沒有太大改變。馬英九的威力有限，南部依舊綠油油一片。

二〇〇四年底，結束張顯耀競選高雄市左楠選區立委的輔選工作，回到臺北。某天，在松江路上的御書園咖啡廳，和幾位親民黨政治幕僚、資深兩岸線記者，聊到了這次立委選舉的結果。

大家在閒扯之際，剛從中國大陸採訪回臺的學長突然問到了：爲什麼民進黨在總統、縣市長這種大選區、單一席次的選舉中，可以在中南部基層無往不利；但在多席次的區域立委選舉結果，卻未必佔有絕對優勢？難道臺灣的政治版圖「北藍南綠」的格局不能打破？

當時脫口而出：士農工商，只剩下「農民」這個階級，還沒有辦法到中國大陸賺錢！

當農民階級這個概念被點出來，農民在當時看起來確實仍沒有辦法到中國大陸賺錢的時候，在場沒有人第一時間意識到許主席作爲先鋒者的意義，也沒料想到這樣的工作開展，一路走下來就是十年。

⋯⋯⋯⋯⋯⋯⋯⋯

要扭轉藍綠的政治版圖，這絕對不是一個人爲可以操控的賽局，也牽扯到臺灣民眾的「國族意識」，以及基層民眾對國民黨長期一黨獨大統治的厭惡。如果單純就「選舉投票結果」論民眾對兩黨政治人物的喜好，以及站在單一席次與多席次的對比上來探討，確實臺灣西部平原這幾個農業生產基地，特別是臺南、高雄、屏東三個農業縣，面對總統候選人選擇時受到所謂「臺灣意識」的催化認同，遠遠大於面對立委候選人時所謂的「農會系統」組織盤動員影響。

中南部的基層農民，過去一直是政治上的弱勢、邊陲，卻是選舉動員上最容易被左右的一群。安土重遷是農民的本性，農業也是國家的立國之本，但農民卻沒有任何選擇權，他們沒有辦法同其他階級進行大規模的遷徙移動，扭轉他們在經濟光譜上的位置。這種情況雖然這幾年已經逐漸改善，但整體情況還不脫這樣的圖像。

特別是臺灣農業存在農村人口老化、農糧自主率不足、農地利用缺乏總體規劃等問題，加上消費市場的淺碟化，正確的「農產品出口」策略，確實是解救農業問題的一帖良方。

正所謂良藥苦口，農產品出口，必須先認清自己有哪些農產品適合出口，又有哪些農產品因爲自足率不足需要仰賴大量進口。特別是糧食作物在貿易自由化、全球化的趨勢下，各國農民群起抗爭，不希望美國這樣的大國以低價搶占糧食市場；臺灣農民與農業，同樣沒有這樣的本錢與美國的農業托拉斯對抗。

臺灣有精緻化農業的基礎，臺灣有熱帶水果的強項優勢，臺灣的花卉是全世界出口的佼佼者，臺灣的毛豆外銷日本有每年十數億元的驚人產值……；這些傲視全球的成績，都是擬定農產品出口之前，必須深入探究的課題。

但當時的氛圍是政治決定論，對農業政策立場的問題並不是討論重點，加上缺乏這樣的專業，在御書園咖啡廳的談話很快地從「商業操作」切入，得出了當今很多人在討論，卻是一個似是而非又禁不起實證檢驗的結論：把臺灣水果當成禮品外銷中國大陸。

即使現在兩岸農業交流開展了十年，仍有不少人堅信這一商業操作模式，認爲把臺灣水果以禮盒形式外銷，一方面解決了臺灣農民沒有辦法賺中國人錢的困境，也解決了臺灣農產品在中國大陸的市場銷售通路問題。

爲何這個看似很棒的模式有其實際操作的困難呢？最簡單的原因就是臺灣與中國大陸的民俗風情相同，送禮時間相同，但臺灣送禮等級的水果產量是不足的，也相對是不穩定的，因此兩岸會在年節送禮期間，同時搶貨。

這個等級的水果已經不是誰有錢就買得到，臺灣內需高檔水果禮盒的市場同樣不小，如果中國大陸買家再來搶這筆生意，農民或許有機會多賺個一、兩次利潤豐厚的訂單，但農民未必轉單出貨給貿易商，去得罪了原本的老客戶。

類似的問題很多，也不是一個外行人可以一時理解參透的。兩岸農業交流後續的發展，各種稀奇古怪的事情都會發生，各種看似有理的商業模式也都不怕沒人嘗試，這也是兩岸農業交流中，臺灣水果議題一直發熱的根本所在。

……………………………………

二〇〇四年底選舉結果的政治氛圍，已經嗅到了中南部農民在兩岸交流過程中永遠是事不關己的「外圍分子」，更重要的是農民的生計確實出了大問題。

老農津貼幾乎成爲生活中的主要收入，白米炸彈客凸顯了對政府開放稻米進口卻套配不足的最深層抗議，即使沒有中共對臺系統從政治面關注到臺灣農業的困局，也會因爲經濟結構的改變，使得農民在社會階級的地位不斷地往下沉，早晚會自己引爆。

如果說，中國共產黨還會做表面工夫，在每年的中共中央一號紅頭文件中，都是集中在解決他們自身三農：農民、農村、農業的問題上打轉，反觀臺灣自身的「三農」問題，政府無法自己解決，竟得仰賴「中國外力」幫忙，眞的是臺灣社會最寫實，也是最悲哀的一面！

從爬梳歷史文本的過程中，可以這樣論斷，在全球化逼使農產品市場在強國托拉斯壓力下打開門戶，接下來各國政府如何處理自身農民翻轉弱勢社會地位的問題，在本世紀一初始，這個問題也就跟著全球化。臺灣農業被搬上兩岸交流的政治思維場域中，只是讓這個問題更加複雜化；尤其又摻雜有介入臺灣內部選舉事務操作的「政治目的」痕跡，更是執政者必須認眞面對，沒有藉口逃避的嚴肅課題。

4. 連胡會：農業成為重中之重

二〇〇五年四月二十九日連戰、胡錦濤簽署新聞公報，其中五點共識的第三點提到「解決臺灣農產品在中國大陸的銷售問題」，國臺辦據此陸續推出「二十二項臺灣水果零關稅」惠臺措施。國、共兩黨大舉操作此議題，連胡會五點共識也成爲臺灣水果熱潮一路延燒的濫觴。

這個政策出臺具有其一貫的延續性，前文提到許信良主席籌組農業團的訪問，到連戰訪問中國大陸由國家領導人的正式定調，重新整理這項政策形成的背景、原因、執行與後續影響，很清楚地得知中共對臺系統就是要讓農業這個議題推上兩岸交流舞臺，成爲鎂光燈的聚焦點，達成他們拉攏臺灣民心的終極目標。

■戰略考量

馬成爲泛藍新共主的事實，不僅影響了後續幾次的大選結果，也立下兩岸交流的格局。二〇〇四年之後，中共對臺拉高「反獨促統」論調，在陳水扁第二任期中，已經看得出來臺海只要不出事，等著國民黨馬英九上臺的大氛圍。

馬英九自擔任臺北市長開始，始終給外界一種「強烈統派」的印象，不論他父親的遺願「化獨漸統」，或是他與統派團體的親近，他想要藉由重新詮釋二二八與白色恐怖時期，「清洗」自身統派立場，在這件事的努力上或許擺脫了大選過程的攻訐，但卻成爲日後執政的最大包袱。

這件事，不僅反應在馬政府整體對外政策上，更具體而微地在兩岸農業交流上發酵。

另一方面，馬英九成爲泛藍共主後的國民黨走向，與中共疑慮陳水扁第二任期「急獨」的兩岸政策，相乘之後加深了中共對臺的「檯面上反獨、檯面下促統」的戰術步局。

同一時間，中共對臺系統內部對二〇〇四年連宋配、國親合，依舊輸給陳水扁，展開了全面性的大規模檢討。

自一九九六年李登輝訪美引發的文攻，到投票前三天國務院總理朱鎔基出言武嚇臺灣的第一次臺海危機；一九九九年選前李登輝發表「特殊國與國關係」，引發第二次臺海危機，美國派出第七艦隊巡弋臺海。如果說，二〇〇〇年之前李登輝時代的國民黨，因爲江澤民沒有處理好國統綱領，最終把李登輝打爲歷史罪人爲分界，到民進黨陳水扁上臺，中共對臺採取「聽其言、觀其行」，實則是沒有做好對民進黨上臺的準備來看，陳水扁的當選到其第一個任期結束之前，陳水扁並不是沒有對兩岸關係釋出和解與善意。

二〇〇〇年陳水扁的就職演說，就是一個妥協產物，既符合美、中兩國利益，又不得罪臺灣內部基本教義派；陳水扁對中共態度上的分水嶺，就是阿扁總統的大膽談話，最終沒有獲得中共對臺系統的青睞，讓阿扁徹底放手，不再積極運作兩岸和談事務。而且不要忘了，這個時候的中共中央對臺基調，並沒有「九二共識」這四個字的出現，事後檢討阿扁第一任期的兩岸關係互動與維繫，是有其互信不足的結構性因素存在。

在這樣的歷史脈絡下，陳水扁的連任，讓中共對臺系統必須搶在陳水扁第二任期的就職演說前，高調發表五一七聲明；措詞強硬，逼陳水扁表態不得臺獨，否則就是玩火自焚。

中共對臺系統深知，陳水扁剩下一個任期，兩岸關係已經不可能回到「統」的道路上，但繞過執政當局，力拱國民黨上朝，成爲阿扁後四年的對臺主旋律。

《反分裂國家法》的出現，絕對可以寫入兩岸交流的大歷史中。二〇〇五年三月舉行的中共第十屆人大三中全會上，通過了此一針對性極其強烈的國家法令，簡單說這是一部「堅決反獨但未必促統」的法令，或是說把兩岸關係從歷史面、制度面、交流面予以法制化的一部律法。

總共十條條文的《反分裂國家法》，引來了臺灣內部的高度緊張，特別是條文中列舉的「三種狀況下將以非和平手段極其必要措施，捍衛國家主權和領土完整」；這三個情況分別是：臺灣從中國分裂出去的事實、或發生將導致臺灣從中國分裂出去的重大變故、或者和平統一的可能性完全消失。

這其中讓局勢變得益加詭譎，在於「和平統一的可能性完全消失」此一前提幾乎是完全的空白授權。以現在情勢回顧檢討，胡錦濤主政十年一直在江澤民勢力的陰影下存活，對臺問題自然不容得有些許差池，但狀況是否真的比九〇年代的兩次臺海危機來得危急呢？

當時國民黨籍的總統李登輝，為了江八點的出臺提出了李六條，後來更以國統綱領來「認同未來的一中」；晚期，提出「特殊國與國關係」，被簡化成「兩國論」，引來中共對臺系統的再一次口誅筆伐。因此，二〇〇四年阿扁再次連任，對兩岸關係的和平發展，到底產生了多麼大的衝擊？就當時臺灣國內政局，尚未走出兩顆子彈的陰影，藍綠對峙的高度，持續朝小野大，泛藍陣營看似表面團結卻有骨子裡的路線爭議，其實也沒有第一時間引發國內政壇關注。直到五一七聲明的出現，方如警鐘敲響臺灣內部。

二〇〇四下半年一路就在這個大氛圍下，《反分裂國家法》從謠言到確認，最後導致臺灣內部政壇的角力，也間接拆解了過去兩岸分治半世紀來，兩岸政黨最高領導人互相不往來的死結！這恐怕是當初誰都沒有料到的歷史發展。

《反分裂國家法》出臺背景是明顯針對陳水扁執政的第二任期，意圖以法令框住陳水扁走向臺獨；相對的，阿扁在第一任期前半段，得不到中國領導人江澤民的善意，新任期所面對的又是權力結構不穩的胡錦濤，從「大膽談話」得到教訓的陳水扁，面對兩岸局勢突如其來的逆轉，阿扁不得不正視，但也不再親自出手。

面對兩岸關係的急凍與轉向，對想要突破泛藍長期以來陷入「國親合」亂局的宋楚瑜，找到了一個絕佳切入的機會。

與連戰搭配競選副總統的親民黨主席宋楚瑜，在兩顆子彈事件落幕之後，就積極運作要前往中國大陸以黨對黨的方式進行交流；當然要啟動這項高難度的政治工程，不僅要師出有名，更必須有外在氛圍上的配合。

阿扁連任成功讓中共內部鷹派勢力抬頭，以法律之名對統一訂定時間表的傳聞在當時甚囂塵上；就在《反分裂國家法》出臺二十天前的二〇〇五年二月二十四日——誰也沒有料想到這部法令的準確出臺時間與內容——陳水扁和宋楚瑜在臺北賓館會面，這場當時轟動海內外媒體的「扁宋會」，在陳水扁贈宋楚瑜「誠信」墨寶的畫面下，簽署了十點聲明。

其中，包括兩岸的部分主要是重申陳水扁二〇〇〇年當選就職演說的四不一沒有、以憲法爲基準的中華民國法理現況、促進兩岸和平發展、推動兩岸經貿文化交流等。關鍵是陳水扁在宋楚瑜面前，讓外界聽到了在他任內不會推動臺獨，化解了情勢的緊張，也讓宋楚瑜取得了進入中國大陸的「門票」。

取得政治授權的宋楚瑜及其親民黨團隊，萬萬沒有想到被國民黨先聲奪人給搶了頭香。

就在《反分裂國家法》鬧得沸沸揚揚、扁宋會看似給兩岸關係帶來柳暗花明之際，國民黨則透過副主席江丙坤，與國臺辦系統積極展開對話聯繫工作。一向主張強調「國共對話」的胡錦濤與中共黨中央，自然要把這個頭香給連戰，而不是取得阿扁授權的宋楚瑜。這一點，親民黨主席宋楚瑜在形勢比人弱的情況下，也只能「尊重」中共中央的決定，「禮讓」連戰先於宋楚瑜訪問中國大陸。

事後，中共對臺系統也從廣泛的「黨際交流」，到胡錦濤對待國、親、新三黨，其規格、接待幾乎一致；該有的福利、待遇、甚或紅利，其實是相當到位的。這一點，特別體現在後來的兩岸農業交流上，不管是哪一個黨、哪一個政治人物，中共對臺系統幾乎是照單全收，足以佐證。

中共方面是怎麼思考二〇〇四年後的兩岸格局與發展呢？很明顯的，就是遏止臺獨勢力的重要性，大於統一的迫切性，也就是當時外界簡化的一句話：反獨不促統。但二〇〇四年阿扁連任的情勢，檯面下的情況絕對比這麼一句話來得嚴峻。

從中共中央領導人的權力結構，胡錦濤形同在江澤民的垂簾聽政下，二任十年的國家領導人只剩下臺灣問題，尚待解決。精準地說，至少臺灣問題不能成爲問題。江澤民任內已收回澳門、香港，祖國統一只剩下臺灣這一地方，胡錦濤眞要立下重大功績，除了靠強大的經濟成長動力來支持政權的穩定性之外，還得避免外力因素干擾內部追求小康社會、均富指標的國家戰略目標，所以在外部絕對不能「出亂子」的前提下，如何一手壓制臺獨勢力、一手營造統一的氛圍，同時又能助二〇〇八年泛藍陣營重新奪回執政權，成了胡錦濤對臺思維的核心。總結一句話，就是臺灣不能出亂子。

爲體現這樣一個戰略格局，胡錦濤完成了硬的一手的法律面布局，既滿足了軍方的面子，也顧到了鷹派的裡子。接下來對臺系統在紅線拉出之後，可以大展身手對臺開展軟的一面，藉懷柔手段拉近臺灣民眾對「祖國統一」的認同。

從外交系統轉任國臺辦主任的王毅，以及深獲江澤民重用的陳雲林接掌海協會，一內斂、一外放，撐起了後陳水扁時代的對臺工作。配合經貿、商務、農業、文化、教育等部委的對臺系統，以及統戰部門、國安部門、軍方部門的側翼協助，穩住綠營及其外圍，讓國臺辦系統可以專注把對國民黨陣營的工作搞好，助其勝選。

如此戰略清晰的方針，落實到第一線就是「協助在野的國民黨，取得中南部農民的認同」，同時達到「對臺民心統戰」的雙重目標。

…………………………………………

時間回到了二〇〇四年底與駐臺記者的談話，以及許信良主席這位偉大的政治先知，在洞悉了對臺統戰工作最重要的對象是中南部農民之後，接下來只剩下戰術層面問題。

臺灣水果零關稅待遇、綠色快速通道這些日後出臺的所謂「惠臺政策」，都不過是這些戰略思維下的體現而已！

爲什麼這樣一個戰略清晰的工作，最後會落得面目全非、甚至遭致「買辦」圖利的罵名呢？這當然不是一句人性使然這樣的簡化性說法可以解釋，最關鍵在於啟動這件事情的主事者，他們可以說是距離農民最遠的一群；而第一波的參與者，又多非農業專業人士，或只是農民代理人而非農民本身。只能說，這立意良善的工作，因爲太多人爲因素的介入、干擾，沒有辦法回歸到專業領域，然後從專業操作再回歸到政治利益的溢出。

以政治手段指導專業操作進行利益分配，導致底層農民最終的反撲，是兩岸農業交流初始，大家所沒有料到的局面。

國民黨在二〇〇五年初提出預備將在年內首先由一位副主席訪問中國大陸，以開啟海峽兩岸的談判大門，而連戰本人也很早就有意願訪問中國大陸（國民黨原先規劃在二〇〇四年總統大選結束，連宋當選、總統就職前的空窗期，由連戰以總統當選人的身分前訪問中國大陸，但後因敗選未能成行）。

二〇〇五年三月二十八日當時的國民黨副主席江丙坤，率訪問團抵達廣州，這趟「破冰之旅」得到了高規格接待，政協主席賈慶林在與江丙坤會晤時，轉達了中共中央總書記胡錦濤對國民黨榮譽主席連戰造訪中國大陸的邀請。四月一日，前往日本參觀愛知世博會的連戰，接受賈慶林代表胡錦濤提出的邀請，前往中國大陸訪問。

由於中共方面對江丙坤一行高規格的接待，加上高層級的邀請連戰訪問，對親民黨方面而言，這如同是一場兩岸代理人的政治角力。原本，親民黨盤算黨主席宋楚瑜可以代表「中華民國總統陳水扁」訪問中國大陸，如今被國民黨破局，籌畫這趟訪中之旅的親民黨核心幕僚們，心中自是五味雜陳。但是對中國共產黨而言，自一九四九年之後，國共兩黨的隔海分治，如今兩黨一笑泯恩仇，當然淪不到藍營小弟親民黨排前頭。

連戰的旋風式出訪，除了得到意想不到的歡迎與效應，在幾次的公開談話中，連戰也多會提到希望中國大陸官方能解決臺灣農產品在當地的銷售問題。不管這項建議是誰先提出討論，將此議題納入連胡會的新聞公報內，連戰二〇〇五年和平之旅，正式啟動了兩岸農業交流與臺灣水果銷往中國大陸的熱潮，是無庸置疑的。

■臺灣農特產品展

在中共國務院農業部臺灣事務辦公室的主導下，二〇〇五年在上海舉辦了首屆的「臺灣農產品展銷會」，當時的對接窗口是臺灣省農會。臺灣省農會雖有「國際部」這樣的組織，但卻是只是個負責對外交流與聯繫的行政單位窗口，對於實際的農產品進出口的貿易專業經驗值，可說是零。

事後在一次的閉門檢討會上，對臺系統官員就坦承，當初爲了落實連戰和平之旅的五點共識，也爲了不讓胡總書記「解決臺灣農產品在中國大陸的銷售問題」的工作破局，選定了上海這個高消費地，以中共中央規格、賈慶林出面主持展銷會開幕式，拉抬整個政策的能見度，可見其背後動用的資源有多深。

這名官員在檢討會上娓娓道來，對臺系統透過臺灣省農會採購到上海的八個臺灣水果貨櫃，在展銷會前夕上海海關開倉驗貨時，卻發現爛了近五個櫃子。爲了不讓展銷會開天窗，也擔心媒體拍到臺灣水果到上海爛掉的畫面，連夜找來垃圾清運業者把爛掉的水果清乾淨，然後才開放媒體採訪。

當時有參加這場展銷會的人，應該還有印象在偌大的俄式建築風格的上海國際展覽館的左右兩個展廳，只有入口右側的展廳擺設臺灣水果，另一廳只能以「圖表方式」呈現臺灣各地的風土民情面貌；現場民眾試吃過後，也找不到哪裡可以購買這些在當時上海市場仍十分罕見的臺灣特色水果。原因就是到貨量不足，只能看不能買來吃，風風光光的臺灣農產品展銷會，就在這不爲人知的故事中草草落幕。

雖說成效僅止於推廣介紹，扁政府時期也沒有任何正面的協助支持，但中共國務院層級的臺灣農特產品或水果展銷會，仍持續於每年的上、下年度，由國臺辦挑選合適的一、二級城市舉辦，直到馬政府上臺之後，仍是對臺系統宣揚兩岸農業交流的重要面子工程。

馬政府上臺後，這樣的水果展銷會更形擴大，中共中央對臺系統形同放權讓各地政府出面，主動到臺灣來「招商引資」，一方面以市場爲誘因，配合補助措施積極促成臺灣農民團體到中國大陸舉辦各種形式的農產品展銷會，另一方面希望藉此機會找到有意願到中國大陸進行「農業生產」的農民。

但是這種浮濫式的邀訪，到最後不僅流於形式，正統有代表性的農會組織也應接不暇，已到了不勝其擾的情況，一些掛著「農業交流協會」的臺灣民間社團法人組織，也打著農產品展銷會的「代理商」名義，四處找農會、農民組織、農業合作社，希望他們能到中國大陸參展。

展銷會模式走到最後，就是無疾而終四個字。不僅成效沒有達到，受騙上當的還不少；眞正落實到簽訂合約取得訂單的不多，讓很多有意從事兩岸農產品貿易的人白忙一場，還對兩岸農業交流貼上負面標籤。

■風光新聞的背後

節錄幾則二〇〇五年連戰出訪北京後，關於臺灣水果外銷中國大陸的新聞。

【十六種水果參加海交會臺灣農展品展　九種水果在福州六家大型超市銷售】

人民網福州五月十四日電　記者江寶章報道

今天中午十二點二十分，裝載著三個集裝箱共三十三噸臺灣水果的香港籍貨輪「吉祥山」號靠泊在福州馬尾港碼頭，這是在國民黨主席連戰和親民黨主席宋楚瑜大陸行之後，海峽兩岸民間聯手推動進入祖國大陸的第一船臺灣水果。

據負責此案的福建超大現代農業集團總裁助理楊金發介紹，此次從臺灣運到福州的十六種水果都是臺灣目前的時令優良水果，多數來自臺灣南部。其中包括蓮霧、鳳梨、楊桃、檸檬、哈密瓜、茂谷柑、芒果、葡萄柚、珍珠番石榴等。這十六種水果，將參加於五月十八日在福州開館的第七屆海峽兩岸經貿交易會上的臺灣農產品展。十六種水果中有九種水果在允許銷往祖國大陸的十八種臺灣水果之列。自十八日起，這九種水果將同時在福州的六家大型超市銷售。

此次包括水果在內的臺灣農產品登陸福州，是由福州的超大現代農業集團與臺南多個「農合會」及臺北的農產品貿易公司聯手組織貨源並安排運輸的。據楊金發介紹，臺灣的農民和「農合會」以及農業公司對水果銷往福州非常踴躍，爭先恐後要搭上這意義非常的「第一船」，共有二十七家臺灣農業企業參加了本居「海峽兩岸經貿交易會」的展銷活動。

「第一船」臺灣水果經由香港抵達馬尾港後，福州口岸部門給予了最便捷的服務。福建省政府新聞辦公室主任朱清介紹說，昨天，宋楚瑜才回到臺灣，今天第一船臺灣水果就運抵福州，這充分反映了臺灣農戶和商界非常迫切地希望能早些讓臺灣水果銷往大陸，這也表現出了祖國大陸的最大誠意。他說：福建方面為臺灣水果順利登陸做好了一系列準備，開闢了「綠色通道」，如設立了專門窗口，以辦理接單審核、稅費徵收等通關手續；海運進口臺灣農產品可提前報關；設立加急通關窗口，實行全天候無假日二十四小時預約加班制；實行網上支付稅款。他還透露：福建省將出臺更多的優惠舉措，幫助臺灣農民將水果賣到全國各地。

據了解，昨天與臺灣十六種水果同時登陸的，還有四十四種臺灣特色深加工農副產品，如清香烏龍茶、海苔芝麻肉鬆、臺灣大米、雞肉濃縮高湯罐頭等，這也創造了臺灣深加工農副產品一次登陸大陸品種最多的紀錄。

【二〇〇五年四月十三日消息】

今天上午，由海峽經濟合作中心、海峽兩岸經貿協調會聯合臺灣農業團體——臺灣省青果商業同業公會聯合會等相關單位，在北京翠宮飯店共同舉辦了「臺灣精品水果新聞發布會暨品嚐會」。

國務院臺灣事務辦公室經濟局局長何世忠出席發布會並講話，他說，大陸目前已經批准在山東、黑龍江、陝西等地建立海峽兩岸農業合作實驗區，這些實驗區都取得了可觀的利潤。目前，在大陸的臺資農業企業有近五千家。

何世忠強調，加強兩岸農業交流是民意所歸，解決臺灣農產品在大陸的銷售關切到臺灣果農、菜農的切實利益。大陸目前正在擬訂，並將盡快實施臺灣農產品在通關、檢驗、檢疫等方面的具體事務，大陸也可以派團直接前往臺灣中南部考察與臺灣農業界直接交流，也希望臺當局取消一些不必要的阻礙限制，大陸還將積極採取措施，與臺灣同胞一道共同改善創造兩岸光明前景。何世忠最後還說，兩岸農業合作應朝著多層次交流與合作的方向發展，歡迎臺灣農民兄弟前來大陸發展與合作，大陸將為臺灣農民兄弟提供實實在在的幫助。

多位臺灣省各縣市同業公會高層幹部，在臺灣省青果商業同業公會聯合會理事長蔡長龍的率領下，前往參加了發布會。蔡長龍在會上表示，臺灣農業科技發達，水果品質優良，希望臺灣農產品將來在大陸的通關、關稅問題能很好的解決，也促進兩岸農業交流。

發布會現場安排了蓮霧、楊桃、番荔枝、番石榴、芒果、木瓜、鳳梨、香蕉、茂谷柑、檸檬、哈密瓜等十多種臺灣優質水果供與會人員試吃。品嚐者對臺灣水果味美汁多讚不絕口。

【你好臺灣網八月二日消息】

據香港大公報報道，從八月一日起，大陸對原產于臺灣地區的鳳梨等十五種水果實施進口零關稅，這是大陸單方面採取的優惠措施，是基於對臺灣廣大果農實際利益的照顧。在內地最大的城市上海和北京，市場反應熱烈、銷情火爆。

首批貨搶閘　滬降價一成

一日，大陸正式對原產臺灣地區的菠蘿、番荔枝、木瓜、楊桃、芒果、番石榴、蓮霧、檳榔、柚、棗、椰子、枇杷、梅、桃、柿子十五種水果實施進口零關稅措施。大陸相關部門已做好了相應的準備工作，果商紛紛表示，市場上的臺灣水果銷售價格將普遍降低一至兩成。

記者從上海市出入境檢驗檢疫局了解到，一日抵滬的七噸零關稅臺灣水果共有六種：楊桃、芒果、番石榴、蓮霧、檸檬和菠蘿。上海市出入境檢驗檢疫局從五月份已為迎接「零關稅」臺灣水果入滬開通「綠色通道」，為臺灣水果快速辦理報檢、查驗、放行手續，整個過程只花費半小時的時間。今後只要是入滬的臺灣水果都將走「綠色通道」，隨到隨檢。如果入境水果手續齊全且經檢驗檢疫沒有問題的話，做到當天檢驗當天放行。上海市出入境檢驗檢疫局信息科科長房勇告訴記者，以後每週都將有一個貨櫃的臺果入滬。

上海吉谷商貿公司訂購的臺果成為上海首批享受零關稅待遇的臺灣水果。總經理林志鴻說，臺灣水果在上海的銷售一直非常平穩，平均每週進貨一個貨櫃，每月三十噸左右。公司在去年經營三百噸臺灣水果的基礎上，今年將一舉擴大到一千噸，增長兩倍以上。一日零關稅實施後，他們會把售價降低一成左右。他很看好即將到來的中秋節臺果市場，估計屆時公司會有兩百噸貨供應上海禮品市場。

京熱銷斷檔　價跌行情漲

在北京的臺商紛紛表示，如果銷售業績優異，將擴大臺灣水果的銷售規模。不少經銷商也表示，正常情況下，大陸銷售的臺灣水果價格可降一成以上。

設于北京西單鬧市區的大陸地區第一個長期的臺灣水果專櫃開辦三天來銷售火爆，接連出現脫銷情況。銷售人員估計，由於從一日起購進的臺果可享受零關稅，零售價也會相應降低，銷售行情可望進一步上漲。

在西單君太百貨的臺灣水果專櫃看到，香蕉、芒果等個別品種與開業相比價格略有降低。不過，專櫃負責人王小姐解釋說，目前上架的臺果都是零關稅政策實施前進的貨，將按原先設定的價格銷售，部分單品價格有所降低只是公司的一種促銷手段。王小姐表示，零關稅臺果抵達北京的銷售專櫃預計需要一週時間，屆時消費者即可享受到零關稅政策帶來的價格實惠。

「君太」臺灣水果專櫃供貨商——臺資北京春林農產品有限公司業務主管范先生表示，從市場反應看，臺灣水果與本地水果相比雖然價格較高，但因其品質、品種優勢，加上零關稅帶來的實惠，臺果在大陸的市場前景仍然看好。他預計一週後抵京的零關稅進口臺果在價格上有一成左右的降價空間，相信這將進一步增加臺果在大陸市場的競爭力。

專家析市況：全年翻一

中國社科院臺灣研究所研究員孫升亮告訴記者，僅上半年大陸進口臺果總量，已比去年同期翻了一番。下半年隨著零關稅政策的後續效應，今年全年進口臺果總量翻了一番已成定局。即便臺灣當局採取管制措施，但只要市場反映良好，大陸進口臺果的總量仍會大幅攀升。

十年後重新解讀上述三則新聞，除了表面上大家所看到的「強烈政治宣傳」的統戰意義之外，不難看出這樣的熱潮在現在已經完全退燒了。取而代之的是習近平要了解爲何對臺灣農民的讓利沒有達到效果，特別是二〇一四年發生「三一八太陽花學運」後，讓習近平主導的中共中央對臺領導小組，警覺到事態嚴重，如果兩岸農業交流再以這樣的模式繼續搞下去，失去的臺灣民心將很難再挽回。

不過，在兩岸格局已定的情況下，對臺農民讓利的主旋律並沒有改變。二〇一四年上半年國臺辦主任張志軍如期首度踏上臺灣後，刻意避開臺北市往中南部跑；下半年國臺辦副主任龔清概也低調訪臺深入中南部，以他熟悉的閩南語和中南部農民面對面的搏感情，深入到虱目魚養殖戶、石斑魚養殖戶、水果農民的魚塭田間，兩個人就是要以國臺辦主任層級的高度，親自聽取臺灣農民的心聲，廣泛蒐集執行兩岸這十年的農業交流到底出了哪些問題。

最新消息是，虱目魚養殖的契約戶接到通知，二〇一五年可能是契約的最後一年，接下來是否續有訂單穩定銷售至中國大陸上海，仍有疑義。

這樣的動作凸顯了習近平對胡錦濤時代路線的否定，更直接打了國臺辦一耳光。尤其是二〇一五年二月召開的人大、政協「二會」，習近平在向民革、臺盟、臺聯等參政黨講話時，主動出擊，除了總結二〇一四年兩岸關係是「很不尋常的一年」之外，也認爲對臺工作在做法上有微調之必要，必須要擴大臺灣基層民眾的受益面與獲得面，讓惠臺措施更有感。

習近平這番重要談話，已經把兩岸農業交流這十年做出總結；接下來，中共中央對臺系統會擬出什麼不一樣的細緻作爲，不讓買辦集團介入中間共享惠臺利益，而能眞正擴大層面，不僅是中共的問題，也是臺灣方面必須嚴肅面對的。

■臺灣農民創業園

負責兩岸農業交流的中國大陸窗口，有一個很重要的單位就是「國務院農業部臺灣事務辦公室」。當時他們化身「兩岸農業交流協會」，比照國臺辦、海協會「一套人馬、兩塊招牌」的運作模式，以此協會直接與臺灣省農會進行深入、全面的對接與交流。

從初始的臺灣農產品展銷會的舉辦，到海峽論壇的共同舉辦單位，到最後還達到了中國大陸與臺灣「基層農業鄉鎮結對子」工程。

從二〇〇五年開始，農業部臺辦一手協助國臺辦在全國重要城市舉辦「臺灣農產品展銷會」，另一手則著手規劃設置「臺灣農民創業園」，在全中國大陸搞出二十五個園區，以國務院審批的高度成立。

事後證明這些農民創業園區，並沒有達到吸引臺灣農民前往，落地生根的終極目標。原因還是臺灣農民安土重遷的性格使然，固然有些年輕農民前往中國大陸開創事業，但真正達到產銷規模進而形成產業鏈聚落的目的，始終沒有看到成效。

⋯⋯⋯⋯⋯⋯⋯⋯

二〇〇五年上海展覽館的失敗經驗後，國臺辦、農業部在兩岸農業交流上作了微調。隔年藉由「山東壽光國際蔬菜博覽會」為名邀請臺灣省農會組團參訪，特別規劃臺灣農產品展銷專區，除了邀請已經在中國大陸落地生根的農民，帶著他們在中國大陸種植的「臺灣品種水果」參展之外，也首次邀請臺灣鄉鎮層級農會，在臺灣省農會的領軍下組團「認養」攤位。

從山東壽光離開後，一行人搭乘大巴士轉往山東半島的東北隅。農業部臺辦主任李永華全程陪同，向團員表示這個參訪點「棲霞市」，是中國大陸山東最重要的蘋果生產基地。就在這個蘋果之鄉，農業部規劃了棲霞臺灣農民創業園區。

五、六月的山東，氣候溫和宜人，但當巴士抵達園區入口，荒涼景緻仍讓人有一絲絲的蕭索之意。豎立在園區入口的大看板寫著「歡迎臺灣農民前來投資～棲霞市人民政府」。

這座農民創業園初步硬體設施已完成，看起來扣除管理中心的辦公樓之外，更像是倉儲、廠房的設計。離開硬體設施區，來到丘陵、平原交錯的園區荒毛之地，一位隨同前來參訪的農民低聲問著市府農業官員：「這地方冬天會下雪嗎？」這名年輕官員很客氣地說：「我們這下雪，但不礙事，像你們剛去參觀的壽光大棚設施（溫室栽作）一樣，我這兒也可這樣搞。」

這名老農沒多說什麼。上了車，臺辦官員隨手把在路邊買來的富士蘋果分給大家，這個來自日本青森品種的富士蘋果品種，因爲二十年前的棲霞市書記有遠見自日本引進迄今，已經「變異」爲更適合當地種植的品種；比起日本富士蘋果皮更薄，脆度更佳。價格只有日本富士蘋果的十分之一不到。

大家在遊覽車上吃著來自日本品種的「山東富士蘋果」，心裡卻想著臺灣的農民眞的把家鄉的蔬果農產品帶來這兒種植，就算眞的克服了心理上的安土重遷，也成功改良了品種，讓作物適應寒帶的耕作模式，那也不就表示臺灣農產品多了一個競爭對手了嗎？

這個問題沒有這麼簡單，也不是如此線性思考。但對於農民而言，中國大陸農業部用土地優惠、租稅優惠作爲吸引，其實是沒有任何意義的；農民老了，在臺灣種不動了，怎還有心思、心力來到遙遠的陌生國度呢？語言也都是聽不懂的山東土腔調的「普通話」，更何況這裡是寒帶氣候的山東。臺灣，並沒有多少農業技術可以在這裡落地生根，尤其是土地作物更是稀少。

幾年後，再次遇到負責規劃棲霞農民創業園的農業官員時，問起了這個地方的近況，他說臺灣眞的有人進駐了，但搞的是「糖果加工」外銷韓國、日本，眞正利用當地土地資源優勢耕作的臺灣農民，答案是沒有。

這也證明了兩岸在恢復正常交流之後的一個眞實面貌，那就是中共對臺往往是「宣傳重於一切」，如果不能參透這個道理，很容易就陷入對岸「統戰宣傳」的框架；要取得實質的兩岸交流成果，中共對臺系統很聰明地用了「分進合擊」的策略，一手對具有民間色彩的臺灣省農會，一手透過國共平臺與臺灣農業部門接觸；如此也再次證明，國民黨政府與其附屬的民間團體，面對這樣的分進合擊，完全毫無招架之力。事後證明，重新取得二〇〇八年執政權的國民黨，面對中國大陸提出的兩岸農業交流與合作，是沒有太多戰略思考的。

■二十一世紀基金會

棲霞的案例，就現在看起來，當然是樣板。以當時民進黨阿扁主政下的兩岸關係，中共對臺系統能使上的工具與手段，眞的不多。當對農民統戰成爲重中之重又不能言說的戰略標的時，規劃這樣的農民創業園區，至少在當時，仍然達到了媒體宣傳的效果。

在農業部臺辦持續與臺灣省農會交朋友的同時，有另一個管道出現了，那就是臺灣省議會前議長高育仁一手創立的「二十一世紀基金會」。

農業部臺辦找上了基金會，高育仁也找來了擔任中國大陸「臺灣農民創業園」總顧問的前農委會主委孫明賢，擔任該基金會執行長；孫明賢拉著他兩位愛徒：黃泮宮、陳保基一起加入。前者有西瓜博士的美譽，曾任省府農林廳副廳長，後者是基金會擔任農業中心召集人的畜牧博士，其任職農委會畜牧處長時因口蹄疫事件黯然下臺，後轉任臺大農學院院長；馬英九任期的幾次內閣改組，陳保基幾度與農委會主委擦身而過，終於在二〇一二年二月隨陳冲內閣上任，如願接任農委會主委。

孫明賢帶著陳保基、黃泮宮兩個博士專家，到農業部規劃的二十五個臺灣農民創業園，深入考察，提供建言；最後，黃泮宮還留在江南長三角一帶，實際耕作臺灣品種的哈密瓜，以進軍上海市場爲目標。

二十一世紀基金會的大力相挺，引來馬政府國安單位的高度關注，對前農委會主委深入中國大陸各地，是否涉有「農業技術外流」的敏感問題。馬政府任期內因施政不力自顧不暇，即使媒體在頭版大肆抨擊此事，但最後仍不了了之。

二十一世紀基金會在這樣的關係基礎上，最後還參與臺灣省農會、中國大陸農業部，所架構的臺灣與中國大陸基層農業鄉鎮「結對子工程」，也就是所謂的「兩岸農村座談」活動。

二〇一二年總統選舉前夕，二十一世紀基金會在兩岸農業交流的重要性，已不亞於臺灣省農會，兩者可說是平起平坐。爾後，高育仁也以此基金會爲平臺，在馬上臺後開闢另一條兩岸溝通橋樑，以促成兩岸政治對話爲職志，於上海舉辦了「兩岸和平論壇」；這是後話，當然也不在本書的討論範疇之內了。

至於被自由時報大肆批判的農委會前主委孫明賢，確實獲得中國大陸農業部門的高度尊重。類似農業專業背景，又具有政治人物身分的，還有前親民黨不分區立委蔡勝佳，也一度希望促成臺灣休閒農業產業的西進，但最後都未能移轉成功。

凡是有農業背景的藍、綠政治人物，在二〇〇八年馬英九上臺執政之前，都是對岸農業對口單位，要積極接觸的炙手可熱對象。

5. 終結

從連胡會拉出來的兩岸農業交流戰場，其縱深從生產者到消費者，並以產、官、學三個面向，中央到地方的大跨距，綿密組織起一個對臺農業工作網絡。

臺灣方面，連系人馬的綿密性，臺灣省農會及其他農業團體的檯面上角色，加上其他藍營政治人物想要分一杯羹的心態，讓國臺辦第一線工作的推進，一路通行無阻。

在國臺辦積極促成連胡會之後的兩岸農業交流這條主軸之外，對臺系統的外圍統戰部門「光彩促進會」，透過各式交流活動，也動員旗下網絡，從縣市、鄉鎮民意代表、政治人物下手，與國臺辦形成分進合擊，鼓勵臺灣與中國大陸擴大兩岸農業交流，不論是農產品貿易還是農業技術輸出。

比較具體的一個案例，就是光彩促進會上海分會，透過其臺灣彰化分會的臺商穿針引線，希望促成臺北與上海的農產品批發市場結盟交流。在民進黨主政時期，這完全是不可能達成的；不過很快地在二〇〇八年五月二十日馬英九一上臺，當月二十八日臺北農產運銷股份有限公司就與上海市江橋批發市場經營管理有限公司，締結為姐妹市場，這也是臺北、上海兩個城市進行深入對話與交流的起始。

從南部農民自組產銷聯盟，透過轉口貿易意圖打開中國大陸市場，到許信良主席體察到了兩岸情勢氛圍的改變，最後由連戰組團前往北京集大成，在前總統李登輝實施民主化之後的兩岸關係，其錯綜複雜的情勢下，媒體一直不會刻意報導與關注當中農業交流這個議題，也不太有人關注此交流下可能造成的負面效應，更遑論有人出面痛批中間利益的不當分配。

但是這一切，就在二〇一四年太陽花學運爆發，徹底終結。然後，連戰之子連勝文參選臺北市長，連戰家族在選舉過程中被用放大鏡般的檢視；加上，在社會上已形成一股「反國民黨」的氛圍，更加快了這個歷史終結的速度。

最為震驚的不是北京高層，而是自二〇〇八年一路走來繼承連戰路線，並讓其發揚光大的國民黨政權。但國民黨迄今沒搞懂的是，兩岸農業交流的被扭曲、兩岸農產品貿易往來的被壟斷、兩岸紅利被上綱至「分配正義」的討論，就是因為共產黨聯手國民黨，「假照顧農民之名，行圖利自己之實」的假面被揭穿，民怨累積的引爆，摧毀了讓馬英九足以自傲的兩岸政策。

兩岸農業交流是以底層結構爲主體，其指涉的對象其實是國民黨系統最脆弱的一個層級，況且國民黨還繼續依賴農漁會系統來「連結」這個最底層，殊不知農民早已覺醒，除了證明國民黨始終沒有走出「恩庇侍從體系」情結，也從兩岸農業交流的被終結得出這個政權仍活在派閥、家族的操弄。

買辦的罵名，在連勝文競選臺北市長時，被炒到極致；連戰吹起兩岸農業交流的號角，他的兒子連勝文卻在選舉過程中敲響了喪鐘！

…………………………

如果拿臺灣選舉常用的術語，文宣靠空軍、組織靠陸軍來比喻，兩岸農業交流的各種活動往來，這些媒體報導就如空軍扮演炸射般，既掃蕩戰場又能形塑一種兩岸農業往來的熱絡圖像；臺灣水果零關稅優惠措施，就像陸軍地面部隊，進行戰場清理與戰果接收，讓更多人投身兩岸農產品貿易往來的行列。

對習近平而言，農業依舊是重中之重，兩岸農業交流並不會因此停歇，也沒有受到外在氛圍的改變而質疑這件事的重要性，即是二〇一四年九合一選舉國民黨大敗，民進黨囊括中南部縣市首長，對臺農業工作的持續開展，依舊沒有任何動搖，反而更加大力道推動。

臺灣局勢受制二〇一六年總統大選的箝制，國民黨看似奄奄一息，民進黨仍無法說服外界他們有能力妥善處理好當前複雜的兩岸關係。兩岸關係的天秤早已改變，十年前胡錦濤訂下的規矩，習近平不僅可以束之高閣，更可以有自己的想法；投射在兩岸農業交流這項子議題上，中國大陸可以操作的籌碼比十年前更多，可以開放的市場力道更大，但如何轉化、落實到臺灣底層，讓臺灣農民眞心感動，「祖國大陸」對臺灣農民的眞心照顧，這一點要達成的前提，必須終結胡錦濤對國民黨連系的過度讓利所造成的扭曲與不公平，重新回到原點來思考更細膩的操作手段；否則，一切仍是空談，想要讓臺灣農民「動心起念」對中國大陸農業讓利有所感觸，定是緣木求魚。

從正面的角度重新解讀這十年，當中值得期待的是，兩岸農業交流如何導入市場機制運作的正軌，讓不當的政治力量介入能夠退場，不再爲哪一個政黨服務，更不是圖利給哪一位政治人物，回歸以農民爲本的兩岸農業交流，這樣的氛圍如能形成，兩岸間要建立互惠互利的基礎方可達成；順著這樣的理絡發展，農業「惠臺讓利」自能水到渠成。

這個理想的達成，並不是附和中共對臺農業統戰，而是讓兩岸農業交流回到一個農產品依市場需求互通有無、農業技術相互交流的理性層面思考，擺脫政黨主導的意識形態糾葛。

對臺灣而言，農業受到全球化的衝擊浪潮還沒眞正到來，一個中國大陸市場的開放，就已經攪亂了臺灣內部農產生產與農產品運銷體系的節奏，但眞正的大風大浪還在後頭，就是當區域經濟體系形成，臺灣市場必須全面開放的那一刻，馬英九堅持不打開中國大陸農產品叩關的門閂，還能撐多久？這個問題沒有人知道，也沒有太多人關心及思考。十年過去，正當中國大陸盤整思路之際，臺灣是不是也該好好擘劃自己的農業政策大綱，不是只有面對中國大陸的問題，而是面向全世界農產品的來犯，豈能不愼思！

倒過來看，中國大陸是否還對臺灣這個市場有興趣？習近平接下來要更開放市場，還是必須回頭考量他們內部需求，把自己的三農問題處理好。看起來，臺灣可以出口的農產品全部加起來，也不夠上海、北京這樣的大都會一天的需求量，籌碼在中國大陸手中的情況下，市場再開放對臺灣的磁吸只會加大，下一階段的兩岸農業交流重頭戲，恐怕就不是搞個幾項農產品零關稅、辦辦農特產品展這麼簡單的事情。習近平要如何貼近臺灣農民，爭取臺灣農民的心這個大方向既已確定，過去兩岸農業交流的這十年與臺灣水果熱銷中國大陸的種種，也就自然畫下句點了。

第三章 參與

陳水扁第二任期開始，中國大陸方面認爲承認「九二共識」是恢復海基、海協兩會談判的基礎，更在二○○五年初針對春節包機磋商，繞過兩會協商機制，指派中國大陸民航業者與臺灣民航業者在澳門達成臺商包機不需香港落地的重大突破。

這樣的操作模式，完全移植到臺灣省農會訪問團之後。陳水扁政府這次沒有再被牽著鼻子走，畢竟兩者之間的內部輿論風向不同、民意見解不同；農業交流畢竟較兩岸春節包機來得複雜，且農業交流也不像臺商春節包機有如此強烈的迫切性，更重要的是搶了頭香到北京與相關部門磋商的臺灣省農會代表團成員，都是扁政府欲「除之而後快」的地方派系人物，怎麼可能會接下國臺辦拋出的這個球，呼應對岸提出的「希望臺灣當局盡快派出或授權相關人員，與農會組織成員共同來談解決臺灣農產品在中國大陸的銷售問題」。

中共對臺系統確實高估了臺灣省農會在臺灣政治操作面的影響力，但自此之後，就把臺灣省農會與臺灣基層農民之間畫上等號。

1. 過招

民進黨執政時期，對兩岸農業交流的政策就是「堅壁清野」。一方面高舉反對兩岸交流常態化，另一方面藉由反對這樣的交流，要一舉殲滅長期以來被視爲國民黨最重要基層的農會體系。

陳水扁政府先是透過南部親綠的農民基層組織，以過去臺南、高雄、屏東三個農業縣所盛產的芒果、番石榴、棗子、木瓜、蓮霧等「熱帶水果產銷聯盟」爲基礎，在時任農委會主委陳希煌的主導下，擴大成爲「臺灣農業策略聯盟發展協會」，意圖透過中央行政資源的挹注，壯大此產銷聯盟，弱化農會系統。

陳希煌最後沒有達成這個目標，而策略聯盟協會在一開始成立，根據當時的參與者表示，協會一開始就被農會系統派人「滲透」其中，最終不了了之收場。農會系統積極參與民進黨政府主導的「產銷協會」，就是擔心這個「農會體系外組織」會倒過來取代農會長期所把持的「農產品供銷體系」；與其等著被殲滅，不如先提前「占領」。

農委會以官方立場對外當然不是這套說詞，而是以政府要因應加入世界貿易組織為由，二〇〇一年十一月二十六日由當時的行政院長張俊雄，在南投魚池鄉宣布成立「臺灣農業策略聯盟發展協會」；陳希煌還推出四大策略迎戰，包括：知識資訊體系、整合行銷、商品文化及服務等。「臺灣農業策略聯盟發展協會」由中、南部三十七個基層農會及產銷班發起，目標要超過一百個基層農漁會組織加入這個產銷聯盟。

陳希煌當時說得很清楚，成立「農業策略聯盟」可更進一步把產地農會與消費地農會串連起來，共同解決農產運銷問題；加上臺灣擁有推動知識經濟最成熟的條件、有最高水準的農業科技基礎、高水準的資訊電子產業及現代化的物流通路，但欠缺有效率的組織來推動新制度的建立，以及運用知識創新能力取代落伍的行銷管理模式。

當時的試點就是胡蘿蔔外銷日本，透過資策會協助胡蘿蔔的生產基地雲林，藉由網際網路的架設，上傳每個農民的田間生產資訊，做到「農產品生產履歷」的條碼化管理，以符合日本嚴格的農產品輸入檢驗檢疫標準規範。

扁政府農政官員的意圖很清楚，就是結合地方基層農民團體成爲「策略聯盟」，在此運作下透過垂直整合與水平擴張，以異業結盟的方式發揮相關產業資源優勢互補的目的，達成以提升競爭力爲主軸的臺灣農業安全防護網。

此戰略目標最終沒有辦法落實，原因就是農會與地方派系早已融爲一體，彼此盤根錯節，豈容外人插手干預。即使是最單純的農產品運銷業務，在當時雖不是多數基層農會的主要收益與核心業務，也不會輕易放手。

農委會也不是省油的燈，根據當時規劃「臺灣農業策略聯盟發展協會」只要一成立，將立即以「財團法人臺灣農業策略聯盟基金會」爲殼，協會爲運作的實體，爭取中央預算補助；農委會的做法就是把過去全數補助「農會組織」的課目，變更爲補助「農民團體」，藉此削弱農會勢力。這個動作，當然是放在「消滅農漁會信用部」的配套下，雙軌進行。

這個舉措，引來了農會系統的反撲，在陳希煌黯然下臺之後，繼任者李金龍面臨了來自農業縣與「農會幫立委」的壓力，也無力執行後續業務。

……………………

民進黨想要斬斷國民黨與農會系統兩者關係的努力，從來沒有停止過。

國民黨在兩蔣統治時期，透過地方派系掌控地方選舉，而地方派系又與農、漁會系統關係密切。即使到了李登輝主政，國民黨透過農會系統掌握地方派系資源，一如過往地運作；在國民黨體系內的組織部（後更名組發會）下設有專人負責農民團隊的聯絡；每次重大選舉，均透過組織系統向農漁會下達動員令，支持特定對象候選人。

農會成為民進黨上臺後的眼中釘、肉中刺。透過策略聯盟裂解農會的工作失利後，扁政府轉向農漁會信用部，針對其長期超貸、虧損，乃至倒閉的情況，決定出重手處理。

時任行政院長游錫堃銜高層之令，下令財政部、農委會研擬「整頓農漁會信用部分級管理措施」，辦法一出爐便遭受李登輝的嚴厲抨擊。李登輝在一場公開場合中說：農漁會信用部逾放比率較銀行高的七個主要因素，包括人謀不臧、以農業用地為主要擔保品所致、農地使用與管理制度的限制、受到業務限制所制、法規規範與政策性優惠房貸主力在銀行，使得農漁會信用部抵押擔保品無法多元化、轉消呆帳制度差異、農漁會沒盈餘打消呆帳等。

李登輝這名農經博士嚴詞批判扁政府，並沒有讓行政部門收手；李登輝希望政府從管理面著手改善農漁會信用部，而不是以商業銀行接管不良農漁會信用部，他認為這是「方法不對」，等於是要消滅農漁會信用部。

就是這句「消滅農漁會信用部」，讓國民黨系統找到切入點，積極運作全臺農漁會串連北上抗爭。

二○○二年十月游錫堃聽取當時財政部長李庸三的報告後指示，向農漁會與縣市首長提出四大保證：1. 保證對農漁民存放款等金融服務只增不減；2. 保證農漁會繼續存在；3. 保證經營良好的農漁會信用部繼續存在；4. 保證繼續推動農漁會金融改革。

游揆的保證無法阻擋農漁會北上抗爭，二○○二年十一月二十三日十三萬五千多名來自全國各地的農漁會員工，高舉「全國農漁民團結自救大會」的旗幟，由遊行總指揮當時的臺北縣農會理事長白添枝，在神農大帝的前導下，往總統府前的凱達格蘭大道集結。

遊行的三大訴求：1. 搶救臺灣農漁業與農漁民；2. 農漁民需要農漁會繼續提供服務；3. 制訂以農漁會信用部永續經營為主軸的《農業金融法》。十大主張：1. 速依法編足「農業發展基金」一千五百億，及「農產品進口損害救助基金」一千億；2. 依法落實推動老年農民退休制度；3. 成立「全國性城鄉交流與鄉村活化」機構，以加強城鄉交流，促進發展；4. 本會期通過自救會版《農業金融法》，設立「全國農業金庫」，並建立以農漁會為基礎的農業金融體系；5. 修正《農會法》與《漁會法》中的中央主管機關一元化，由農委會監督輔導農漁會；6. 實施股金制度，確立農漁會為多目標功能的農漁民合作組織；7. 停止實施現行農漁會信用部業務限制令，放寬農漁會信用經營項目；8. 歸還已被強制讓與銀行之三十六家農漁會信用部，回歸農漁會體系；9. 修正《金融機構合併法》，讓經營不善之農漁會信用部得讓與其他農漁會承受；10. 請確實執行阿扁總統競選總統時所提出之「農業政策白皮書」內容。

面對如此排山倒海的壓力，陳水扁終於收回他「寧失政權、也要改革」的豪語，游錫堃收回成命，宣布暫緩實施整頓農漁會信用部分級管理措施，改採漸進調整方案，但也導致財政部長李庸三、農委員主委范振宗下臺；游錫堃也三次請辭，但終獲慰留。

隨後，扁政府著手擬定《農業金融法》，於隔年三讀通過，在農委會設置「農業金融局」，並依法設立了「全國農業金庫」，歸還先前遭金融檢查裁併的三十六家農委會信用部資產，回歸農漁會體系。此外，對於遊行的三大訴求、十大主張，民進黨政府也落實其中的大半，包括「農業發展基金」、「農產品受進口損害救助基金」的編列等。

偏向國民黨系統的農漁會，始終認爲游揆是承接扁意志，以金融改革之名、行消滅農會之實。因爲，在過去高利率年代，基層農漁會有很長一段時期主要收入仰賴金融事業，維繫其運作；當然，人謀不臧下，農漁會理監事超貸情況也特別嚴重。阿扁以此拿農漁會開刀，最後功敗垂成，農漁會穩坐勢力，還使得國、民、親三黨在接下來的不分區立委名單中，特別增列出農民代表，包括國民黨的白添枝、民進黨的吳明敏、親民黨的蔡勝佳。

斬斷農會體系金脈的工程失敗，對未來兩岸農業交流產生非常大的影響。陳水扁連任成功後，中共對臺系統積極進行「農業統戰」，國臺辦公開以農會系統取代扁政府農業官僚體系，自有其脈絡可循；反過來扁朝時期的農委會主委李金龍、蘇嘉全等，面對農業統戰的態勢，自然採取消極抵制、全面封鎖的方式，不讓臺灣官方與中國大陸在農業交流上有任何一絲的正面接觸。

2. 農會

農會依據《農會法》行事，農會系統則繼承自日據時期的農民合作協同組合，東亞地區的日本、韓國，以及臺灣，都設有農會組織，提供農民服務。以日本爲例，日本全農（JA）相當於「中華民國農會」（簡稱全國農會，由過去的臺灣省農會改制升格而成），日本的縣農會則與臺灣的各縣市農會相當。臺灣目前歷史最悠久的農會是新北市三峽區農會，成立於日據時代西元一九〇〇年（明治三十三年）九月的「臺北三角湧組合」。

農會主要的任務是服務農民，依《農會法》規範，主要工作爲推廣、供銷、信用、保險等四大功能。農會的領導階層爲理事會、監事會，理事長對外代表農會，監事會則選舉出常務監事；至於日常的會務治理工作，則由總幹事負責。由於臺灣各地農會生態不同，一般來說北部地區多由理事長掌權，中南部地區則爲總幹事爲首。在農會選舉的制度設計上，理事長爲間接選舉產生，由理事之間互選理事長，且其爲無給職；總幹事屬聘任人員，由理事長提名到理事會通過後任命。

過去農會與地方派系關係密切，農會員工也多與此有關；如今制度化之後，農會員工多以統一招考分發之。即使農會員工招考晉任制度化之後，各級農、漁會的權力掌握者仍對地方派系有運籌帷幄的實質影響力。

農會龍頭「理事長」的位置有多重要？一般民眾對此了解的不多，但可能偶爾會在社會版新聞看到「農會理事長涉嫌賄選遭羈押」的新聞；這個情況，在國民黨一黨獨大，農會作爲國民黨組織系統底下的一個「組織運作」的年代，尤爲明顯。

間接選舉制度往往贏者全拿，這也是農會理、監事選舉時，往往形成不同派系間廝殺的原因，進而遭地方派系或特定人士的操控壟斷。農會理監事選舉的「綁樁」花費極大，花招也極多，除了經費要充足之外，沒有一定地方實力者也甚難擺平其他勢力的競逐，當然這些都是地方派系的強項；魚幫水、水幫魚之下，農會很難脫離地方派系的勢力範圍。

之前提到了陪同許信良出席的幾位關鍵人士，包括當時的臺灣省農會理事長古源俊、曾任中華民國養豬協會理事長的雲林縣農會理事長謝永輝、在國民黨智庫任職的農民詩人詹澈等人，都是二〇〇四年之前農業界檯面上的要角。

從宋楚瑜任臺灣省長時期的臺灣省農會理事長簡金卿，到李登輝凍省、民進黨執政後的臺灣省農會理事長古源俊，都是有爭議性的人物。簡金卿一九九六年曾任國民黨不分區立委，同一年順利連任臺灣省農會理事長，不過卻在一九九八年九月八日因案停職，最後由省農會理事、曾任彰化二林農會理事長的洪允闊代理。洪允闊代理期間，聘任二林農會總幹事謝國雇出任臺灣省農會總幹事，謝國雇後來轉任臺北農產運銷公司副總經理、升任總經理一職，也是經常往來兩岸從事農業交流的活躍人物。

二〇〇一年臺灣省農會改選，曾任苗栗縣農會理事長的古源俊出馬角逐，當選臺灣省農會第十四屆理事長；但是，古源俊一當選即遭檢方依涉嫌賄選羈押。二〇〇三年古源俊又涉嫌苗栗縣長何智輝的久俊工商綜合區開發案，被檢調偵查。

二〇〇五年臺灣省農會改選，古源俊不敵立委派，全面退出農會系統。古源俊的繼任者臺中縣紅派大老、立委劉銓忠，結合國民黨全國不分區立委、曾任臺北縣農會理事長的白添枝，加上前雲林縣長張榮味的妹婿張永成，形成臺灣省農會「理事長、常務監事、總幹事」鐵三角，立委派大獲全勝。

自此之後，省農會歸於「大一統」，也鮮少在社會新聞版面出現有關「暴力賄選」的負面新聞。

這些參與理監事選舉的農民代表，其實都只是幕後操盤手總幹事的「人頭」；總幹事在理事會改選前沒有掌握過半席次，自己的聘任就過不了理事會這一關。競爭激烈的農會選舉多採「2：1：7」的方式，要搭檔競選農會三長的人依上述比例認列「競選經費」。

不過，農會理事長才是農會的法人代表，各種對外事務也多由理事長代表出面，出訪中國大陸交流這等要事，理事長一定是親自出席；「出訪」同時順道安排「出遊」，招待這些地方要角理事長們，也成爲日後兩岸農業交流的一個潛規則。

謝永輝理事長則一直活躍於農業界，爾後在兩岸農業交流的舞臺上，因緣際會成爲「台灣農民黨」黨主席，也在兩岸間扮演非常重要的「農業大老」角色。

……………………

與農民團體的關係進一步深化，緣起於立法院工作時的老闆：前立委白添枝。

二〇〇五年臺灣省農會理監事選舉延宕，扁政府時期的農委會輔導處，刻意以公文流程來技術性干擾選舉時程的進行，但是在有意角逐臺灣省農會理事長的臺中縣區域立委劉銓忠、國民黨不分區立委白添枝，以及有意擔任省農會總幹事張永成的立委夫人張麗善，聯手向農委會抗議，才順利讓古源俊交出臺灣省農會理事長位置。

臺灣省農會是否眞的可以代表全臺灣農民？就《農會法》的精神，農民加入農會成爲會員，可以享有農會的服務，與申請其他相關的政府補助款項，最重要的就是「農民保險」身分的確認。因此，農民一定是農會會員，但農會會員未必就是農民；這一點，媒體經常報導的農地非農用、農地遭炒作等，道理就在此。但取得臺灣省農會三巨頭的身分，就等於對外取得全臺灣農民代言人的角色，這是法律所賦予的實質權力。

白添枝在與劉銓忠競爭省農會理事長失利之後，經「協調」轉任臺灣省農會常務監事。在二〇〇五年中確定臺灣省農會的改選日期之後，來自全國各縣市農會理事長，在國民黨黨政高層的授意下，齊聚高雄縣農會商討此次臺灣省農會理、監事改選的席次分配問題。

這樣的組合，也開啟了以立委主導農會體系的時代，讓農會的實質政治影響力日增，當然也使得農會高層與國民黨的權力核心，處在一種微妙的關係。

……………………………………

馬英九接任黨主席後，二〇〇七年的國民黨全國不分區立委名單，並沒有依著連戰時代的老習慣，安插至少一名農會界代表，白添枝因此失去國民黨不分區立委的舞臺，連臺灣省農會常務監事的位置都岌岌可危。當然，馬英九極力改造國民黨，想與地方派系的「黑金」切割，也讓部分農會大老憂心忡忡。

農會系統大老們面對此一局勢變化，組黨工作產生了意見分歧；一派主張玩眞的，就讓國民黨知道農會系統的厲害；一派則認爲不必認眞，只需擺出樣子即可，國民黨自然會回過頭來找農會系統談條件。

因爲在立法院擔任助理，也就被授意進行「組黨準備」。最後一刻，國民黨提名了張嘉郡，繼承了她的姑姑張麗善的選區，繼續披掛藍旗參選；但此時，幾位主戰派的農會大老，認爲組黨工作已箭在弦上，不得不發。

跳開農會系統的幾個大老不說，基層農會並不全然認同「脫離國民黨」的做法；而當初名列發起人的一些重量級農會領導人，到最後籌組階段也斷然鬆手。

最後搞到弄假成眞，主要和當時臺灣政壇在二〇〇八年第七屆立委選舉席次減半，首次實施不分區立委採計第二張政黨票的社會氛圍有關。最後農會系統部分大老發起成立「台灣農民黨」，與當時其他政黨，像是第三社會黨、紅黨、人民火大黨等，均跨過中選會門檻規定的在區域立委登記超過十名候選人，可以列入政黨票，搶奪不分區立委席次。

因爲臺灣省農會的實質退出，整個組黨工作落在當時高雄縣農會秘書蕭漢俊身上；加上當時未獲國民黨提名的新竹市區域立委柯俊雄，加上當時臺北市農會總幹事錢小鳳、中華民國養豬協會理事長潘連周、臺鐵工會理事長張文政等人共襄盛舉，台灣農民黨也一如其他新成立的小黨，推舉出自己的不分區立委名單。

台灣農民黨的黨主席，則由謝永輝先生以農業大老身分出任；他明知這麼做絕對換不到國民黨關愛眼神，反而會遭致國民黨的挾怨報復，仍義無反顧地扛起這個政黨的存續。

一如預期，這幾個如雨後春筍般出現的新興小黨，大家都沒有跨過二〇〇八年立委選舉的政黨票百分之五門檻。結束了一場政治操作，選舉結束後也短暫的休息、沉澱；但也因爲台灣農民黨的籌組過程，才有機會有規劃性地走入嘉義農村半個月，實地體會菜農、稻農、豬農的辛勞，並聽見他們的心聲。

3. 北京行

二〇〇五年四月底連戰和平之旅回國之後，國臺辦發言人李維一在例行性記者會上，宣布了「歡迎臺灣省農會、台灣省青果運銷合作社、或臺北農產運銷股份有限公司，組團來訪洽談有關解決臺灣農產品在大陸銷售的問題。」

從電視新聞上聽到國臺辦記者會的這一席話，經向省農會三長彙報確認之後，於二〇〇五年六月二日，陪同高雄縣農會秘書蕭漢俊前往北京，透過一位當地臺灣友人，安排見到了國務院臺辦、農業部臺灣事務辦公室、海關總署、質檢總局等單位，最重要的就是商務部臺港澳司。這個單位，也是實際負責臺灣農產品在中國大陸銷的政策擬訂單位。

當時的商務部臺港澳司司長王遼平，是一位年紀將近退休的老幹部，因此主談重心就落在當時的副司長唐煒身上。爲了這初次的陌生到訪，唐煒把旗下重要幹部全都找齊了，也向我們二人說明了商務部除了肩負所有商品（包括農產品在內）的市場銷售，更重要的是必須面對全球市場自由化，中國大陸市場開放的問題。

這一點，與臺灣的農委會，自生產至運輸到末端銷售的一條龍式管理，大不相同。在六月二日見著農業部臺灣事務辦公室副主任李永華的時候，已經有了大概的理解。因爲對農產品的行政管轄分工的不同，臺灣的農委會以及相關農民團體，除了與中國大陸農業部有密切互動之外，商務部門的對臺體系，也是必須打交道的單位。

這趟陌生拜會最重要的收穫，是獲悉了中國大陸爲了與臺灣省農會建立對口，在商務部底下成立「海峽兩岸經貿交流協會」，而在農業部底下成立「海峽兩岸農業交流協會」。

唐煒、李永華這樣的對臺官員，都是用協會秘書長的身分，與臺灣方面進行「非官方接觸」。在談判桌結束的私下場合，他們也會拿出具官銜的名片，但可以看得出來並不是每一個會談代表都是這麼的大方。爾後，馬英九上臺後恢復海基、海協兩會談判，商務部負責對臺經貿談判的官員，也都掛著海峽兩岸經貿交流協會的頭銜，靠掛在海協會之下陪同國臺辦官員到訪，或自行組團來臺考察。

商務部這樣的專業部委，透過組成協會的民間身分方式，與國臺辦形成一個相互支援的對談架構。特別是以自己協會出訪臺灣，可以深入到臺灣四處走走，探訪民情，彌補國臺辦官員的不足。

唐煒與李永華，算是在民進黨主政期間，也是後陳水扁時代接觸兩岸農業交流最深、最直接，且值得尊敬的談判對手。這兩位後來在不同的階段功成身退，殊爲可惜；如此開明與知悉臺灣民情的司局級官員，可以說是奠定了爾後兩岸農業交流的基礎。

曾派駐西藏的唐煒，雖有駐藏二年的身體高原反應症候群，但個性豪爽的他在二〇〇五年六月初與我方初次接觸，以及後來六月二十三日臺灣省農會正式成團的場合，多次公開、私下表示「未來中國市場必須對世界開放，特別是東南亞各國的農產品與臺灣有相當大的同質性，爲了讓臺灣方面能夠取得更早進入中國大陸市場的優勢，協助臺灣水果取得更多的優惠與機會，在二〇一〇年『東協十加一』關稅優惠生效前，臺灣還有五年的時間藉這次的二十二項水果零關稅優惠，來創造臺灣農民與中國大陸消費者的雙贏機會。」

站在中國大陸商務部的立場，他們主張市場開放，因此大可不必主動對臺讓利，先行對臺灣實施零關稅措施。但對臺工作是重中之重，即使引發其他國家的不悅，商務部臺港澳司的對臺官員，在政策上仍是全面配合中央對臺，腳步立場一致。

面臨東協等其他國家的壓力，唐煒必須阻擋部門內部的官僚本位主義，也得化解同僚與其他單位的消極抵制。幾次談判熟悉彼此之後，這位身形高大的副司級官員最後都會放慢語調，一再提醒：「我方爲臺灣農民爭取這五年的時機，得來不易！」

解決臺灣農產品在中國大陸銷售問題的戰略，落實到市場運作，零關稅優惠只是其中一個環節，臺灣當然也不是只有水果可以外銷。

在二〇〇五年夏季展開的多次雙邊磋商中，慢慢得知這樣的政策出臺背後，除了本書前面提到的民進黨前主席許信良在二〇〇四年底到訪時提到了相同作法，在緊接著的連戰出訪之前，國臺辦、農業部與商務部等對臺單位，早已進行了大規模的調研，得到了臺灣水果具有獨特性的競爭優勢，只要能夠早於東南亞水果一步，給予零關稅進入中國大陸市場，絕對可以讓臺灣農民享受中國大陸經濟成長的果實。

這就是所謂的「讓利」，或是，後來媒體廣泛稱之的「兩岸紅利」。兩岸紅利的初始，其實並沒有那麼複雜，甚至還有那麼一點誤打誤撞，因爲臺灣省農會出面「攪局」，讓兩岸農業交流包裹在臺灣水果外銷中國大陸之外，使得中共對臺系統在操作這件事情上，顯得更游刃有餘，更容易將政治意圖隱藏在農業經貿外衣之下。

唐煒或李永華，即使當時就已料到臺灣水果出口到中國大陸的銷售，不能只仰賴零關稅此單一因素，就此幫助臺灣水果打開中國大陸市場，但以當時兩岸政治的緊張氛圍，零關稅所造成的新聞效應已成，所以其他市場銷售的配套，以及需待解決的問題，也就在這樣的輿論聲勢下被淹沒。

……………………………………

二〇〇五年六月五日，談判會前會結束回到臺灣，第一時間整理了與上述單位訪談的記錄稿，送交國民黨中央連戰主席辦公室、立法院長王金平辦公室。然後，與辦公室同仁開始密集電話、傳眞與電子郵件的連繫，透過國臺辦聯絡局某位處長的協助，敲定臺灣省農會理事長、常務監事、總幹事等三長於同年六月二十三日出訪北京。

不過，事情並沒有如此單純與順利。就在出訪前夕的星期五下午四點多，這名處長來電告知，因爲商務部臺港澳司司長王遼平，人在香港出訪來不及趕回北京，通知我方是否能順延出訪時程。

當時從香港轉機北京的機票早就已經全數確認，商務部方面的對口聯繫人員也無法在電話中說清楚，爲何早已安排好的行程，居然在出發前的七十二小時取消，而延後的原因到底爲何。

這時候，一位曾在臺灣平面媒體工作過的朋友發揮了功能。他透過熟識的中共對臺系統人員，直接問到了國臺辦高層，爲何臺灣省農會三長的組團訪問，臨時喊停？

在臺灣等待的這一方，也只能期待奇蹟的出現！就在北京朋友出面斡旋之際，立法院跑國民黨中央採訪路線的L君記者，提供了一個十分重要的「第一手訊息」：在同一天，國民黨某高層祕密出訪北京，但原因不詳。

接獲這個重要訊息，立即啟動了雙軌的查證程序。一手轉請北京朋友想辦法打聽，這名國民黨高層到北京做些什麼？另一手，持續連繫原本國臺辦的窗口，了解爲何通知取消行程？

正當心中還在納悶兩者之間是否有關連的時候，手機響了，北京一位層級極高的朋友C君直接來了電話，從他的一句話，心中的納悶解惑，兩者的連結也不言自明了！

「這名國民黨高層來北京，直接見了陳雲林！拜會內容不詳，只知道事出突然，國臺辦官員被下令三緘其口。」北京朋友不待回話就掛上電話。

隨著訊息回報越來越快，事情眞相也呼之欲出。

另一名北京友人Z君私下找到了國臺辦某局級官員，透露了臺灣省農會三長參訪行程的取消，與國民黨有個極高層官員來到了北京有關。「電話裡不能告訴太多細節，只知道他一下飛機就直奔廣安門南街，要求我們這邊取消省農會此次的參訪！」

二個不同消息管道，轉述了相同的訊息內容。

翻開手邊國臺辦官員名片上的住址，「廣安門南街」印入眼簾，這五個字就在名片地址欄上。臺灣省農會行程被莫名取消的原委，已再清楚不過了。

……………………

故事還沒結束。

順著這重要的線索，又將此訊息回報給跑國民黨中央的L君記者，請他繼續追查這名國民黨高層到北京的眞正目的。L君記者事後轉告，這名國民黨高層到北京，就是不希望農會系統取代「國民黨原本要進行的工作」。

臺灣省農會最終爭取到了按計畫進行出訪北京的行程，但因爲L君記者的仗義執言，將整個事情在媒體曝光，惹火了國民黨高層，把「從政黨員同志」的不分區立委，同時也是臺灣省農會常務監事的白添枝，找去黨中央「訓話」。國民黨中央高層這種「罵小孩」的態度，種下了我自己在日後參與兩岸農業交流時，永遠保持著「遠距觀察」當權者的烙痕。

在國民黨高層長官的眼中，臺灣省農會不過是國民黨組織系統的一個分支，用江湖行話來說就是「黨中央老大想要搞的生意，你們底下的小鬼憑什麼插手！」

回頭檢視，兩岸紅利被國民黨特定人士壟斷，早在那一刻就已經開始！當兩岸紅利被買辦集團壟斷，廣為社會大眾熟知，已經是十年之後；現在這個「常識」之形成，其歷程可見一斑。

二〇〇五年陳水扁極力阻撓兩岸的正常交流，而國民黨在連戰與胡錦濤歷史性一握之後，這兩岸間大小利益，早已一切盡在不言中；也就是說，沒有經過黨中央的授權同意，即使是同黨人士也都分不了羹。

……………………………………

機票、旅館既然已安排好，會談議程也都確認，雙邊磋商箭在弦上，不得不發。

就在已接近絕望的出發前一刻，北京友人C君透過「某特殊管道」向國臺辦高層「曉以大義」，告知他們既然身為主人的商務部已經安排好了臺灣省農會的到訪，就不應該輕易取消客人的行程；況且，臺灣省農會終究有很強的政治意涵，也克服了民進黨政府的杯葛與要脅，豈可拒人於門外？

六月二十一日星期六傍晚，距離出發不到三十六小時，商務部與國臺辦的連絡窗口，又重新開啟，不約而同地來電回報，臺灣省農會三長可以如期出發了。

依照著六月三日的協商會前會議程，六月二十四日臺灣省農會參訪團一行十多人，在理事長劉銓忠率領下，前往商務部東華門辦公樓的二樓會議室，等待歷史性一刻的到來。

就在前一天，六月二十三日當臺灣省農會一行人自桃園機場轉機到北京首都機場，人還在飛機上，自由時報記者已經開始查證，立法委員劉銓忠、白添枝、張麗善（其丈夫為臺灣省農會總幹事張永成），是否以省農會理事長、常務監事的身分，私下前往北京。

二十四日當天自由時報頭版報導，省農會三巨頭人不在臺北，雖沒有明確指出這些人到了北京還是上海、要去中國大陸進行哪些事，但臺灣駐北京記者早已聞風趕來東華門辦公廳大門堵人。

商務部東華門辦公廳是過去外經貿部的辦公樓，距離王府井大街不遠，目標不甚顯著，外觀也看不太出來是中共中央部級辦公樓；記者守在樓下，其實是被臺辦官員刻意帶到另一個出入口，臺灣省農會代表團一行人早已先一步抵達，並且從另一側的出入口進出，避開臺灣媒體的追逐。

這個動作，商務部做足面子給臺灣省農會代表團。在商務部與省農會的雙邊默契下，一直到中午磋商結束，搭乘專車離開商務部東華門辦公樓，前往隔壁一條街的「南京餐廳」用餐時，記者們完全沒有見著浩浩蕩蕩的一行人乘坐中型休旅車離開。

媒體記者的撲空，是中共對臺系統基於當時陳水扁政府對兩岸農業交流持反對立場的一種表態，肯定臺灣省農會參訪團，這群清一色藍營背景的成員，能夠有著這樣的「膽識」，不畏民進黨政府的封鎖，前往北京爲兩岸交流貢獻一己之力——指的就兩岸同屬一家，同屬中華民族，同屬一中——爲這樣的歷史大業付出。

這是兩岸交流尚未達成正常化、尚未將「九二共識」視爲兩岸交流基礎之前的一個最簡單的論述，中共對臺系統很清楚，臺灣省農會就是國民黨長期在選舉中重要的組織部隊：出訪前，排除了國民黨高層的干擾，談判時，又不讓臺灣媒體曝光。在九二共識還沒有寫入兩岸交流核心的年代，很多事情同樣可以開展，只要你「立場正確」、「血統正確」，藍營人士看準了國臺辦系統思維的盲點與弱點，同樣也在那個當下就已萌芽。

負責主談的臺灣省農會代表不清楚的是，中共對臺系統早已摸清了這個底，「投我方所好」表現地淋漓盡致，從談判桌開始一直到後來幾年的兩岸農業交流、往來，農業部、商務部以及其他對臺辦系統，無一不是依著農會系統以及農業專業團體的意見，到了言聽計從的地步，就是要用這樣的高度與格局，營造出對兩岸農業交流的熱度持續不墜。

當時沒有人想到，這樣的操作模式形同「訊息壟斷」，事後批評者的說法就是「買辦」。

雖然，二〇一一年開始國臺辦、農業部對臺系統已經發現執行兩岸農業交流出現了偏差，但再多的調查研究都已無法讓這個交流回歸正常軌道，都是肇始於二〇〇五年商務部、農業部、國臺辦爲臺灣省農會參訪團所設下的框架。

⋯⋯⋯⋯⋯⋯⋯⋯⋯⋯⋯⋯⋯⋯

中午在王府井西街的南京大飯店用餐後，臺灣省農會理事長、常務監事返回飯店休息，下午進入實質談判。中國大陸質檢總局、海關總署上場，進行兩岸貿易的實質往來議題，此時中方攤出底牌與立場，態度變得強硬。

兩岸的主談機構基本上沒有共同的語言，中方是商務部，我方是農會系統，第三方執行「零關稅」的海關總署，提出很多通關的專業考量，包括兩岸商品稅則碼如何互通，兩岸關貿線上系統如何對接，在沒有大三通的前提下，如果不以小三通模式該如何縮短運輸時程，這些早已超過臺灣省農會可以「被授權」的專業領域，都被拉上談判桌討論。

如果說海關通關的專業問題還可以推給臺灣方面的官方不授權，在農產品檢疫、原農產品產地證明這兩個議題上，兩邊談判代表關注的重點則大不相同。

全球農產品貿易對於農藥殘留標準與病蟲害檢疫，是任何一個輸入國有權且必須嚴格把關的，這牽扯到國家主權的問題。但是，臺灣方面主談代表以「既然你們口口聲聲說兩岸同屬一個中國，大可不必那麼嚴格認定蟲害的邊境檢驗」，或是原產地證明可以由農會系統出具證明，代替現行法令所規範的作法，意圖主導整個談判，把零關稅的實施變成一個可以簡化爲「如同一國內部農產品流通」的事情，達到簡化流程的目的。

雖然在六月初的拜訪中，中國海關總署派出了一名司長級官員負責接待，用最簡單的語言告訴我方就是：「你們要派一位懂電腦的人，來學習如何與我們的通關系統對接。」臺灣省農會代表面對中國海關總署或質檢總局這類的要求，都以「模糊化」的方式，意圖解決中國大陸方面所關切的關務系統對接或是臺灣爲果實蠅疫區，這樣一個複雜又棘手的檢疫認證與程序問題。

整個談判過程，中國大陸商務部居於主導地位，他們更在乎的是臺灣水果進到中國市場，要如何打通銷售通路。對於海關、質檢部門的意見，他們反倒認爲這是兩岸對口部門在技術層面上的溝通問題，既然一時間解決不了，大家應該把重點放在「產品銷售」這個核心問題上。

有趣的是，關於臺灣水果要如何在中國大陸銷售，或是解決臺灣農產品在中國大陸銷售問題，難道是一個零關稅措施，就能全部解決？或是說，關稅障礙是臺灣水果進入中國大陸市場的唯一阻礙嗎？

以當時的談判氛圍，臺灣省農會代表團的思維，甚至說是整個從組團開始到進入北京商務部東華門辦公室會議室上，認爲這是最關鍵、最核心、也最迫切需要解決的課題。後來，媒體不斷宣傳「水果零關稅進入中國大陸市場」，也成爲社會大眾耳熟能詳的段子，傳遍每一位臺商的耳朵裡。

接下來的幾年內，搞建築的、蓋房產的、做製藥的、開工廠的老闆，都想要進口臺灣水果到中國大陸，想要大賺一筆水果財。他們都知道，臺灣有二十二項水果零關稅可以進到中國大陸，也都認爲零關稅的實施就是萬靈丹。

南京大飯店的餐宴大夥依舊展現了兩岸一家親的規格，尤其是臺灣農會代表團成員更是熟悉在餐桌上解決問題的模式；商務部唐煒領軍的以「海峽兩岸經貿交流協會」爲名，實爲各個部會對臺官員組成的談判隊伍，在餐桌上的表現自然也不會輸人。下午的談判在酒酣耳熱之後，氣氛顯得輕鬆，對於矛盾、無解的問題，確實也能體現「擱置爭議」的精神。但臺灣水果在中國大陸的銷售，要如何進行，顯然不是在這樣的談判桌上可以說得清楚，談得出解決方案的。

一天談判就在這樣的氛圍下圓滿結束，東道主海峽兩岸經貿交流協會會長李水林，提升接待層級，邀請當時商務部副部長安民列席貴賓，把原本安排晚宴的酒店取消，下午四點多通知改爲長安大街北京飯店正對面的「長安俱樂部」。長安俱樂部是北京最早期的四大俱樂部會所之一，按照當時的禮遇顯示，商務部對臺部門對於臺灣省農會等一行人的到訪與會談成果，是十分滿意的。

……………………………………

如果說，零關稅實施啟動，必須有其相關配套，海關報關系統的對接、農產品檢疫標準的認定，這兩大關鍵，沒有公權力的授權，臺灣省農會是談不出結果的。想要從中分一杯羹的國民黨高層，他們曾經執政過，他們清楚問題的複雜性，他們想要阻撓省農會參訪團，除了認爲省農會位階在他們之下的優越心態之外，更重要的是國民黨當時的智庫，其實對這兩個問題早已擬好了一套「規避公部門談判」的變通手段。

六月二十七日從北京返回臺北後，再次將整個參訪記要彙整送交國民黨中央，臺灣省農會幾個重要核心幹部也隨即被叫到臺北，與國民黨中央黨部陸工會開會。張榮恭，當時的陸工會主任，自然是有其一套說詞，言下之意就是你們辛苦了，但後續成果與執行，也就不勞你們農會系統代勞了。

針對這句話，當時智庫執行長蔡勳雄可就沒那麼客氣了！他表示，關於臺灣水果的檢疫問題、原產地證明問題，早已和對岸談好。民進黨政府不正視面對，解決方案很簡單，就是在第三地香港，找一家專責做檢驗認證的跨國公司，來核發臺灣水果的出口檢疫工作；屆時只要中國大陸海關檢疫單位看到這家香港公司核發的檢疫證，就能通關。至於原產地證明，蔡勳雄說得更簡單，他以美國「香吉士」農民生產包裝上的「條碼化」爲例，他說只要在源頭把關，把每一位農民生產的農產品打上產地二維條碼，也就不用所謂的原產地證明文件。

至於海關通關部分，中國大陸會先開幾個「綠色通關口岸」，代替原本應該由臺灣財政部所屬的「關貿公司」建置的通關報關系統，避開雙邊貿易海關系統連線問題。

簡單一句話，智庫的心態就是扁政府不同意、不授權，國民黨和共產黨已經談好，兩邊就這麼幹就是了！

……………………………………………………

國民黨當時在陳水扁執政下，積極地運作農產品出口零關稅如何落實的事情，表面上看是爲了落實連胡會時新聞公報的五點共識，但明眼人都知道這中間就是爲了一個「利」字。

農產品出口，特別是臺灣水果的「利」眞的有這麼大嗎？

有臺灣青果大王稱號的陳查某，從路邊攤賣水果起家，後來遇上臺灣出口香蕉到日本的高峰期，與政府開放日本青森蘋果輸臺這兩項可遇不可求的大商機而致富。從這位傳奇人物的發跡過程來看，在天時、地利、人和下，才可能創造出此等可觀財富。

以這個標準，誰能搶得先機，誰先壟斷了臺灣水果出口中國大陸的「特權」，以中國大陸十三億市場規模來看，這個身價似乎是指日可待。不過，這些人忘了最根本的問題，那就是「臺灣一年有多少水果可以外銷？」

根據農委會與海關統計資料顯示，從二〇〇八年開始全面三通後計算，每年臺灣水果出口呈現上揚趨勢，但集中在部分特殊有競爭性的水果品項上；以這幾年中國大陸賣得最好的鳳梨、茂谷柑、鳳梨釋迦等，全部加起來一年也都不會超過二千個四十呎貨櫃的數量，也就是平均一天不到十個貨櫃的出口量。

有趣的是，從二〇〇五年開始從事臺灣水果出口的商人如過江之鯽，但卻沒有看到誰因爲靠著「特權」在水果這檔生意上賺到了暴利；反倒是一步一腳印的農民、農民合作社、農民團體，循著正規的做生意本事與基本要求，把中國大陸的市場打開，建立起一片江山。

回首這段歷史，放諸整個兩岸農業交流歷程，雖是一個起手式，但嚴格來說，對解決臺灣水果在中國大陸的銷售問題上，其效應是值得檢討的。主要原因在於國臺辦抓住了「臺灣省農會」這個名稱的上「臺灣省」三個字，在宣傳意義上就是一種「中央對地方」的概念；

同時，省農會三巨頭有「二個半」立委——總幹事的夫人張麗善是立委、理事長劉銓忠、常務監事白添枝都是立委——也有某種程度的官方交流形式。嚴格來說，當時談判內容的很多部分，因爲沒有政府公部門的授權是過不了關的。但如果放在當時民進黨全力打壓的政治環境下，臺灣省農會之於中國大陸國臺辦，不僅因爲它的「名稱政治正確」取得了等同國民黨中央的重要性，更因爲後續他們較具彈性的民間組織身分，在二〇〇八年馬政府上臺之前，著實扮演兩岸交流重要的角色，這一點貢獻是無庸置疑的。

4. 誤解

國臺辦一直到二〇〇八年政黨輪替前，都等不到陳水扁的授權代表到北京，以官方身分與其對談此農業議題，所以「臺灣省農會」這個招牌就一直被「過度使用」，使得其「邊際效益遞減」。只要與兩岸農業、兩岸基層交流相關的活動、會議、參訪，臺灣省農會這五個字，一定會披掛上陣。

比較著名的例子，就是二〇〇九年在廈門舉辦的首屆海峽論壇，當時掛名臺灣方的共同主辦單位，就是臺灣省農會，就是藉這個招牌能擴大對臺灣基層、農民的號召力與宣傳效果。即使這個時候國民黨已經執政，中共對臺系統對臺灣省農會的「政治宣傳效益」，仍緊抓未鬆手。

對臺灣方面而言，多數民眾對於這十年的兩岸農業交流到底起了什麼作用，認識有限；而農會組織在參與兩岸農業交流過程中所扮演的角色，與當初中共對臺系統心目中所設定的「全面、廣泛地接觸臺灣基層農民」的戰略目標，顯然還有一段距離。

對國臺辦官員而言，以中國傳統政治思維與中共官僚運作體制的角度視之，臺灣省農會畢竟「沒有功勞也有苦勞」、是一個「値得交往的朋友」；最重要的，還是臺灣省農會的「臺灣省」這個頭銜，製造中國大陸與臺灣交流是「中央政府對地方政府」的刻板印象。

回到中共對臺系統的「寄希望臺灣人民」大戰略下，針對臺灣中南部基層農民的「統戰」大事，該怎麼完成呢？是否改由其他渠道進行？對臺系統官員不是沒有想過，也不是沒有透過其他「中介管道」操作；但結果很清楚，這些方法都用錯了，到最後還被冠上「買辦文化」盛行的罵名。

……………………………………………………

對臺農業讓利的「中間環節」是否會成爲國共兩黨買辦文化下的「利益輸送」，有沒有人在第一時間發現這個問題，想提出改正？一位追隨國臺辦局長級官員退休前來臺「畢業旅行」的對臺處長級官員，在二〇〇八年底因馬政府上臺終於可以踏上臺灣，抵達當晚約了在他下榻的香格里拉酒店房間內，見面一聊。當時，他因爲首次到臺灣，還特地逛了誠品敦南店，感受一下二十四小時書店的氣氛，到了深夜近十一點才回到酒店房間。

一坐下來他便開口說：「臺灣年輕人的讀書風氣讓我十分震驚；另外，在誠品外頭兒擺攤賣小創意商品的年輕人，更讓我欽佩！」

接著，他說了重點：「既然你從立法院轉到農產公司，有機會接觸更多的農民；這幾年，我們在兩邊的農業交流上接觸互動這麼久，但似乎成效仍不是那麼的好，中南部基層農民對我們這幾年的工作，感觸似乎不是那麼的深？有誰有什麼方法，譬如說，剛剛逛誠品時腦海中就閃過一個念頭，是不是透過像是你們農產公司的渠道，加上你過去擔任過記者，我們可以來合作發行針對農民宣傳的刊物。」

還來不及回答他的提問，這名對兩岸農業有極深入研究的官員馬上接著說：「我知道農民的知識水平不見得可以接受長篇大論的文字，所以這份刊物可不可以用圖畫，也就是你們臺灣所說的漫畫形式來表現？」

聽完他的建議，一時間沒辦法回答他，但他在那個時刻就已經深深體認，兩岸農業交流透過太多的「中間人」，是無法有效播散至基層群眾的。而在接觸過的眾多涉臺系統官員、學者，也極少人能夠在二〇〇八年那個「兩岸看似一片光明美景」的時刻，點出兩岸交流的盲點；甚至，這個盲點後來連鎖引爆兩岸交流間的陰暗面。

透過媒介沒有不對，也不是一個錯誤的方法。重點是這個媒介者是誰？這個媒介者背後的政治意圖是什麼？當找不到一個「中性」的媒介時，又該如何透過某些機制來防止弊端的發生，甚至能夠有什麼制衡監督的能量在裡面運作？這些都不是當時的主流意見。

馬政府上臺的兩岸關係，太想追求歷史定位又擔心自己犯錯，步步爲營的結果，就是興利與除弊兩件事都沒能搞好。這名處長級的私下談話，點出了政策制定者與執行者之間的落差，也說明了在兩岸長久的隔閡下，要能找出共通點以建立信賴關係，是何等不容易。因此，透過「臺灣省農會」這樣的組織來代行兩岸農業交流的執行事務，對國臺辦官員而言成爲最便宜行事，又能夠搬出「宣傳成效」的方便手段。

……………………………………

國臺辦官員來臺，到中南部「考察」農村、「接觸」農民後，最常在媒體版面上看到「國臺辦某高層官員此行來臺，深入臺灣中南部基層，與農民兄弟搏感情、互動良好」。但實際情況是，臺辦官員上至中央下到地方層級，到了臺灣中南部所接觸的每一個對象，都還是透過國民黨外圍體系，以及農會系統的安排完成。

此現象在二〇一四年九合一大選後徹底改觀。雖還看不出中共對臺系統要如何「微調」這樣的作法，但持續針對臺灣中南部農漁民的工作，一定會進行到他們想要的成效爲止。

這樣的成效在兩岸之間存在的差異，就如兩造間透過哈哈鏡，看到對方的影像卻是大相逕庭的：臺灣農漁民要的是，每天、每月、每年的收入可以穩定，圖個溫飽；中共對臺政策要體現的是，臺灣中南部農漁民要能「感念祖國大陸對臺灣同胞的關愛」。

當這樣高難度工作中間摻雜了太多的「介面」，自然更扭曲了原本的「良善美意」；但眞正的關鍵在於，這對臺灣農民的最大利益來說眞的是美事一樁，還是置臺灣農業於萬劫不復的境地？

這個大哉問本書無法給出精準的答案，但從這十年兩岸農業交流的經驗得知，臺灣農業未來生存，不僅要面對中國大陸，還有美、日、韓、紐、澳、南非、智利等農業大國的進口競爭；只能說，連處理隔壁鄰居中國大陸都無能爲力之下，要如何讓農民放心政府有實力去面對其他農業大國的壓力？

中共對臺系統直到很後來，才發現原來臺灣農業的生命力在這裡，而不在農會組織身上。這也再次證明了，如果兩岸間沒有「正常化」的交流，讓經貿與政治各自回歸，只會讓這樣的落差持續擴大而已。

5. 代言人

國民黨在二〇〇八年奪回執政權，以農民代言人為宗旨的台灣農民黨，也就暫告「歇業」，又全數回歸國民黨組織體系運作。

台灣農民黨一如其他被劃歸為「泛藍」的政黨一般，在中國大陸得到相對應的禮遇；在馬政府主政後，像是謝永輝以「台灣農民黨主席」身分，前往參加海峽論壇或其他兩岸農業交流的活動，也算是錦上添花；有綠營背景加持的人民最大黨主席許榮淑，在兩岸相關重大活動上獲得的禮遇，那又高過許多了！

以政黨姿態想要取得為農民階級代言的政治工程，終告失敗，除了證明臺灣這樣的政治環境，並不適合多黨政治運作體系之外，體制上設計贏者全拿的遊戲規則，又逼使少數弱勢者只能走向體制外發聲。

也就是說，原本照顧弱勢階級權益這種屬於「國家內政」的事務，在中共對臺系統將其「納歸」為對臺統戰事務之後，並且以選票得失為最終檢證標準的時候，即使臺灣內部有屬於農民階級代言人的政黨，也很難阻擋這個情勢的推進，或是被主要政黨「整碗端走」。

這就是兩岸農業交流最終走向「財團靠攏」的道路，因為當中「農業讓利」的這個「利」字，絕對輪不到小農階級來攀附；從臺灣政治體制運作的邏輯，就已可推論其結局為何了。

⋯⋯⋯⋯⋯⋯⋯⋯

對中共對臺系統而言，面對這五花八門的「農業代言人」——除了臺灣省農會、臺北農產運銷股份有限公司之外，還有存在於臺灣社會各式各樣與農業相關的民間協會。

臺北農產運銷股份有限公司，是一個有官方背景色彩的果菜批發市場管理公司，在中共省市、鄉鎮一級的對臺部門，特別是農業相關的官方、民間組織，只要以農業為名到臺灣「假考察、真旅遊」時，首先一定得透過臺灣農業相關的協會為對口，來作邀訪單位，到臺北農產運銷公司參觀果菜批發市場運作。這些「農業協會」限制了臺來農業交流，並徒增不必要的「媒介者」在中間，也讓兩岸農業交流當中，摻雜了太多的雜質，使得兩岸農業交流的格局受到明顯的限縮。

而來到臺北農產運銷公司參訪的農業團，「交差了事」心態者多，只有極少數人抱著「認眞學習」的態度；除非，有機會接觸到「農業技術」相關議題，這個時候才會引起他們的興趣與關注。

在臺北農產運銷公司任職期間，有整整一年負責中國大陸臺來農業參訪團的接待與說明工作；平均每個禮拜一到兩團的農業參訪團，對於臺北市果菜批發市場的運作，十分好奇，但也並不符合他們當地的營運模式。倒是對於臺灣特有的「農藥殘留快速篩檢法」的技術十分感興趣，不過中國大陸比較進步的都會區，早已進一步採用更精準的生化檢驗法，來判讀生鮮蔬果的農藥殘留量。

這些打著農業爲名的協會，邀訪對岸官方或民間農業團體到臺灣，除了固定到訪臺北市第二果菜批發市場作爲在臺北的必經「景點」之外，到了中南部也一定會虛晃一招到基層農會走走看看。與中間人交情好的農會，還得破費招待陸團一頓午餐，其餘皆是到了定點拍照，應付了事。

這種接待中國大陸農業參訪團的制式行程，到了末期已經成爲基層農會的一種負擔，甚至產生反效果，願意接待的基層農會也越來越少。此等亂象，是兩岸農業交流中極爲扭曲與不可思議的一段插曲，卻也造成了不少人以申辦兩岸農業團爲營生，並媒介水果生意，回過頭來更加攪亂了原本就已失控的臺灣農產品出口中國大陸的市場規則與秩序。這種因爲交流的不透明導致「農業代言人」林立的現象，持續到二〇一二年後，熱潮方休。

當然其中也有眞正來進行實質農業深度交流的團體。不過，受制扁政府時期對兩岸農業交流的「封鎖」，到馬政府的「消極不主動」的態度，只要參訪敏感性農業技術單位一概拒絕，與地方政府進行的農業合作也僅止於象徵性的購買臺灣水果、農產品，或是舉辦農產品展銷會之類的儀式性活動。

可以說在中共中央對臺層級之外的兩岸農業交流，屬於一種毫無章法、頭緒的亂槍打鳥，能夠對兩岸農業產生實質互補的功效幾乎是零。

每個人都想參兩岸農業交流一腳，但沒有人可以取代臺灣省農會的「正統」；大家都想各顯神通、直達天聽，但現實運作就是回歸「農會體系」。不在此正路內的，都是角色扮演錯置，根本不可能起任何作用，也不會得到中共對臺系統任何實質的「回饋」。這是兩岸農業交流十年來，一個在主流軌道之外不斷出現的側翼，但卻是一個沒有任何貢獻的資源浪費與錯置。

第四章

政治VS市場

國共平臺建立後，認眞地執行連胡會的結論共識，特別針對臺灣水果過產滯銷進行「緊急採購」。於國民黨在野期，中共對臺系統總共發動了三次的對臺水果緊急採購；此舉引來了民進黨政府的反制，但也凸顯了制度建立的重要，當然也引發了農產品生產過剩，到底是要自救還是依賴外援的爭辯。

國民黨重新執政後，執行政策採購也就不再隱晦，大喇喇地浮上檯面執行。成效看似達到穩定價格，但卻也讓臺灣水果在中國大陸市場通路，全面潰敗。

期間，多少兩岸政商人物穿梭在此之中，想要分食兩岸農業紅利，其結果就是臺灣基層農民成爲配角，最大的政治獲益者其實是政治人物。

1. 政策採購

談起政策採購，還是要回到連戰二〇〇五年北京和平之旅後，對當時在野國民黨而言，解決臺灣農產品在中國大陸銷售問題是「能做不能說」，以免遭惹民進黨的抵制，更可避免其他勢力介入分食。但有另一項工作，卻是「又能做又能說」的，那就是政策採購。

臺灣有幾樣水果或是一年四季都有生產，或是農民搶種，也因此特別容易出現價格暴起暴跌，導致農民損失；原因很簡單，就是生產過剩。特別是柳丁、香蕉，前者集中在臺南、嘉義、雲林與臺中一帶，後者幾乎在大安溪以南都有種植，其中又以南投、屏東兩地爲最。

故事的起點是二〇〇六年四月舉辦的首屆兩岸經貿文化論壇（又稱國共論壇），其中有一項結論是，爲了穩定臺灣農產品市場價格，保障農民收益，如果發生臺灣農產品過產滯銷的情況，由中國大陸啟動緊急採購機制。

首屆國共論壇舉辦後不久，香蕉即出現盛產，當時預估比前一年增加百分之三十二，國民黨內的「兩岸農產貿易及合作小組」，即向國臺辦聯繫啟動「採購臺灣過剩蔬果機制」。因爲民進黨主政，國民黨系統只好依賴農民團體，也就是「台灣省青果運銷合作社」，以及「台灣省蔬果運銷合作社聯合社」，這兩大農民團體協助，在二〇〇六年六月十二日啟動首次的香蕉政策採購。

當時中國大陸同意這項緊急採購的數量爲兩百公噸，產地採購價格爲每公斤十一點一元。一個四十呎標準冷藏貨櫃，可以裝一千三百五十箱、每箱十二公斤重的香蕉；也就是說，大約採購十二個四十呎貨櫃。這對於常態性貿易來說，是一個很小的數字，但對於兩黨之間卻是個大突破。

同年十月十六日，國共兩黨在海南博鰲召開「兩岸農業合作論壇」，這場由中共官方與國民黨智庫合辦的論壇，中方以最高規格舉辦，完全是做球給連戰；會中，國臺辦陳雲林主任承諾再次針對臺灣香蕉過產滯銷問題，啟動緊急採購機制。

根據國共兩黨協商的決定，希望能夠簽訂總採購額兩千公噸的香蕉，有趣的是區分高屏地區與臺中地區香蕉，以不同價格收購；同樣第一批啟動三百公噸，高屏蕉每箱採購價三百元，臺中蕉採購價每箱三百三十元。

當時國民黨政策會執行長曾永權穿梭兩岸，深獲連戰信任。但爲何要區分臺中蕉與高屏蕉？當然這兩個產區的香蕉口感不同，市場價格略有差異，但特別點出要採購高屏地區香蕉，這麼一來曾永權就能向屏東地方鄉親交代，也能凸顯這是中方所給的「紅利」。此等操作手法，也成爲日後藍營的有力政治人物，穿梭兩岸間爭取「對臺讓利轉嫁」的一種模式。

民進黨方面爲了因應國共兩黨合作，以政策採購「收買蕉農」的統戰意圖，決定比照過去政府加入世界貿易組織之前曾擬定的「九五機制」精神，提出反制。所謂的「九五機制」，就是當農產品市場平均交易單價低於種植成本的百分之九十五時，就啟動保價收購。但二〇〇六年臺灣已經加入世界貿易組織，爲了避免違背世貿組織規範，改以「農安專案」之名向蕉農收購。因此，國共第二次政策採購香蕉的數量，因爲產地價格很快回穩，執行約一個半月只出貨約一百八十公噸就告結束。

到底是國共啟動緊急採購，還是扁政府的農安專案，讓香蕉價格不再見底而攀升？

根據農委會當時的說法，爲了解決敏感性農產品產銷問題，建構「促銷行動系統」，推動「農安專案」，規劃由產地農民團體直接供應當令、安全且優質的農產品，透過公、私部門協助促銷，以實際行動幫助農民。農委會表示「農安專案」是爲了「有效去化超產之農產品」以穩定價格；農委會責成農糧署設立銷售平臺，建立各機關學校等公部門與各大企業團體等私部門之聯絡系統，以及北中南東各地區之供應配送網，若遇有農產品產銷失衡情形時，即可啟動「農安專案」將資訊由銷售平臺透過所建立之聯絡系統，通知各公私部門，接受訂購，由各配送網送達客戶，期使價格迅速穩定。

不能否認，民進黨政府的應變措施是相對有效的，畢竟行政權在手、資源在手，國共兩黨的政策採購相較之下，欠缺正當性。關鍵在於，農委會啟動這項配套措施，確實有助於生產過剩的「迅速去化」，爾後國民黨主政，於二〇〇八年柳丁盛產時農糧署也多次啟動柳丁「農安專案」，以每箱六公斤一百五十元的價格發動企業認購，解決柳丁過產滯銷、價格狂跌的問題。

二〇〇六年的香蕉過產價跌問題，扁政府還啟動農民團體收購次級品香蕉，以廢棄處理措施每公斤補助三元；這項作法，在爾後二〇一〇年香蕉再次過產滯銷時的政策採購，也同樣派上用場。

……………………

國民黨在野時期，國共平臺總共啟動了三次政策採購，第三次是二〇〇六年底柳丁盛產，於隔年二〇〇七年一月十三日至二月十五日止，共出貨一千二百公噸，由台灣省青果運銷合作社與雲林縣農產品物流公司負責採購。

但繼續深入探討大規模的政策採購之前，有必要先說明一下香蕉爲何接年生產過剩。根據農委會前主委陳武雄，他在國民黨智庫任職期間所撰寫的文章指出，因爲民進黨政府高估日本市場潛力，認爲只要「開放出口自由化」就可恢復昔日臺蕉輸日光彩；在駐日代表處及外貿協會的協助下，由農委會與經濟部策劃，二〇〇五年將原由台灣省青果運銷合作社統一出口的制度，改爲自由出口。陳武雄痛批民進黨政府還指示台糖公司出租一千五百多公頃農地給貿易商種植香蕉，讓香蕉總種植面積一年內增加了近一千六百公頃，產量從十四萬八千七百公噸跳增爲二十一萬四千兩百七十七公噸，暴增百分之四十四。

陳武雄稱這是臺灣蕉農惡運的開始，確實有其道理，但陳武雄仍不忘回應陳水扁政府的訕笑。民進黨當時痛批幾次緊急採購都沒有達成「預定採購數量」，是國共兩黨聯手欺騙臺灣農民，陳水扁還利用前往高雄大樹協助促銷玉荷包荔枝時說：「中國去年在香蕉滯銷時說要買兩千噸，結果買不到兩百噸，希望農民不要上當受騙。」陳水扁還在此地玉荷包老農民阿順伯家門口的老荔枝樹，親手提了「玉荷包」三字，以爲宣示。

陳武雄在他同篇專文中，也因此提到「當中國大陸啟動緊急採購後，臺灣的水果市場價格高於生產成本，達成採購機制預期之目的，因而停止繼續採購，重視的是價格回升，不是拘泥於採購數量，說中國大陸騙人，實在不厚道。」這時候兩岸農業交流架構下的臺灣水果「政策採購」，還保有「救急性」，且民進黨政府為了不讓國、共兩黨專美於農民之前，相關的農安配套同步起了陳武雄所說的「穩定農產品市場價格」的功效。

但日後國民黨執政，啟動了一次更大規模三千公噸的政策採購，就已開始變質；同時，國臺辦系統為了搶救馬英九二〇一二年選舉的低迷氣勢，大舉啟動各項農、工商品採購，打亂了原本「緊急採購臺灣過產滯銷水果」的機制運作，也是始料未及。

……………………

二〇〇八年底在海南博鰲舉行的國共論壇，地主陳雲林在接見國民黨代表團時，當時的立法院副院長曾永權、農委會主委陳武雄，再次提到臺灣柳丁過產滯銷嚴重，希望中國大陸能以緊急採購模式，幫助臺灣農民脫困。

由於有了前幾次的經驗，加上現在國民黨當家，不用擔心扁政府時期扯後腿的情況，這次不僅採購數量明定三千公噸，且載明了除了柳丁之外，只要隨時出現其他臺灣水果過產滯銷，都能夠用此配額執行緊急採購。國民黨高層一行人從博鰲返臺之後，立即找來臺灣省農會爲窗口，臺北農產運銷公司爲執行單位，並於當年底邀請中方負責執行的單位「中華全國合作供銷總社」來臺，在臺北圓山大飯店舉辦了一場熱鬧的簽約儀式。

當時媒體報導的說法是，只要解放軍部隊一開口，臺灣的柳丁就不怕沒人吃；其實，臺灣七〇、八〇年代芒果盛產，南部溪流河川倒滿芒果的景象，也讓當時的部隊阿兵哥，有吃不完的芒果。幾十年過後，兩岸媒體在看待臺灣水果過產滯銷的解決方案時，思維並沒有太大的改變。

這個想法和當年美國人覬覦中國大陸市場所說的：「只要中國大陸每個人喝一瓶可口可樂，就有十億瓶的銷售量。」邏輯相同，犯的錯也相同——中國大陸眞的每個人都消費得起臺灣水果嗎？最糟糕的是，臺灣把所有的水果都銷往中國大陸，也不夠他們吃！

柳丁過產滯銷的「政策採購」，採購的雖然是生產成本價格以上的商品，但品質達一定水準的柳丁（或其他水果），並不會受生產過剩影響使其市場售價拉低太多；因此，採購價格在「生產成本」附近價位的柳丁，基本上在分級標準上大概就是B+至B左右的品質。

同時，要能夠在一定時間內出貨達到這樣大的數量，縱使有生產過剩情況，每個禮拜都還得採收十數個貨櫃的量，在執行上也並不是那麼容易「量化」操作，還是得有經驗地調配產地的出貨規律。在質與量的控制上，面對這麼大數額的一次性採購，品質控管絕對是一大考驗。

這樣的政策性採購，對農民而言頂多是不至血本無歸，並無助於收入的增加；況且，不是所有柳丁農民都可以被納入採購對象，這才是最嚴重的課題。

從市場價格的穩定性來說，這是消極性的解決方案。「緊急時」採購得當，至少可以讓價格不致崩盤；但是，一旦變成「政治導向」的「政策性採購」，注定走向偏差。

……………………………………………………………

二〇〇九年上半年柳丁政策採購的配額沒有使用完，同年又後續執行了少量的釋迦、鳳梨、蓮霧等水果的出口。原本這個計畫就要暫時中止，因爲同一時期，農糧署開始執行柳丁主產地雲林的轉種茂谷柑及根除計畫，柳丁就不曾再出現過產滯銷、價格崩盤的問題。

但沒想到二〇一〇年香蕉再次過產，價格滑落到一公斤三元不到。中華全國合作供銷總社依據國臺辦、農業部的指示，從善如流地把沒有執行完的剩餘配額，約一千五百公噸，轉爲購買臺灣香蕉。

就在二〇一〇年夏天此政策採購執行到尾聲之際，天下雜誌刊登了一篇來自北京的報導，指稱臺灣香蕉出口出現品質控管的大問題，讓當時農委會主委陳武雄顏面無光，一氣之下把負責執行的臺北農產運銷公司總經理找去農委會辦公室痛罵。

由於陳武雄的震怒，臺北農產運銷公司總經理必須找人來接續這項工作，將政策採購收尾善後。

當接下了這份吃力不討好的工作，從頭了解整個環節與過程，首先解決出口端的技術性問題後，等到整個政策採購執行超過百分之九十八，案子呈報農委會結案後，才發現政策採購的另一缺失，就是沒有顧及市場需求端因素，這才是臺灣水果外銷中國大陸的大問題。

這就是國民黨執政後，原本的「救急性」採購變質的開始！最大的問題在於，一昧地爲解決生產端「部分的生產過剩問題」，一廂情願地要中國大陸的果品公司無條件「買單」，完全忽略中國大陸民眾對臺灣水果的市場接受度，也埋下了臺灣水果在消費端通路施展不開的問題。

就從柳丁的市場通路談起！臺灣柳丁這個品種，對中國大陸消費者而言十分陌生，雖然柳丁也是柑橘類的一種，但在中國大陸江南一代盛產各式品種的柑橘類，唯獨就是不見「柳丁」。即使如上海、北京這樣的大都會，也不見得有多少人知道「臺灣柳丁」。

問題就出在這裡！柳丁在中國大陸市場是一個沒有「產品知名度」的水果。有位經常來臺灣的北京朋友就建議：「臺灣柳丁適合榨汁，當果汁喝特別有風味，眞搞不懂爲什麼非得把柳丁賣到北京來，而不是賣臺灣柳丁汁呢？」

二〇一〇年秋末，爲了進一步了解市場需求眞相，特地飛到北京拜會中方買家，一位果品公司老總說得很直白：「你們臺灣的柳丁，坦白說都是賠錢在賣。有時候，你們一批批的柳丁口感品質不同，市場反應不好，我還得拜託賣場的銷貨員把柳丁切開來『僞裝』成本地的橙子來賣；說也奇怪，只要把產品海報換成當地柳橙的名字，一車子切好的臺灣柳丁，很快就賣完了！」

不過，這名老總還是很誠實地說，這種把戲只能試一次，不能在同一個店家重複使用，畢竟消費者不是那麼好騙的。

同年秋末第二次到訪北京拜會這名老總，特定向他收取政策採購的結餘款，所謂一回生、二回熟，雖然仍得硬著頭皮向他請款美金二十多萬元。這回，在北京東三環外一處小餐廳的談話氣氛，已不似北京秋末入冬氣候的冷冽。

這名老總在中國大陸的山東、陝西兩大蘋果產區，擁有超過五十萬噸儲量的私人冷藏庫。他說，在中國大陸搞水果買賣，生意能不能賺錢在於「量」是不是掌握在自己手裡。蘋果耐儲存，一年一收可放一般冷庫半年，每年五一大假過後再轉入氮氣庫，可再延長到十月，剛好下一季度的蘋果就可採收了。

在中國這個市場想要把水果生意搞大，手上要有足夠的量「和市場對作」：隨著農產品市場行情的波動，選擇時機釋出。一開始產量少、價格高，出貨要大膽一點；等到市場貨充足了，出貨就緩一些。搞水果生意二十多年的這名老總說得一派輕鬆，但這樣的操作手法，手邊沒有個上千萬人民幣，是玩不得的。

餐後送走了這名「蘋果大戶」，也順利收到了尾款。陪同前往的北京友人才解釋道，這名老總所說的生意手法，就是一九八〇年代中國改革開放初始時，所謂大宗物資的「倒買倒賣」；說穿了，沒有點靠山後臺，一般人是碰不上這等生意的。也難怪這名老總看不上臺灣小小的柳丁，只因為北京長官的要求，他不過是拿他蘋果賺得的零頭，來玩玩兩岸間的這個小買賣罷了！

類似的例子還發生在上海。同樣也是果品公司的老總，他經常往來臺北、上海，十分熟悉臺灣的水果產銷環境，旗下通路可以壟斷上海近半；但碰到臺灣柳丁，一樣頭疼沒轍。

二〇一〇年盛夏，隻身前往上海，帶著從光華商場買來的最新款 hTC 手機，和機場免稅店購得的萬寶龍筆，作為見面禮，向這名在上海灘的水果盤商中，實屬「教父級」的達人請益。

中午時分，坐在他瞭望黃浦江畔的辦公室，這名帶著濃厚上海腔的老總說：「小兄弟，我直接告訴你好了，你們的柳丁不好賣，只好透過臺辦系統，向財政部門、海關部門爭取退稅補貼，好降低公司損失；你們的香蕉打不過菲律賓蕉，價格貴太多，而且口感沒那麼實在，也只能配合政策賠錢賣。」

精明的上海人說的話要打點折扣，柳丁確實不好賣，香蕉口感未必輸給菲律賓蕉。但是臺灣水果來到上海的末端價格，遠比東南亞水果高出太多，並沒有價格競爭優勢，這是在上海學到的重要一課。當然，搞清楚了上海當地的香蕉催熟室設備與技術，與臺灣大相逕庭，也是此行重大收穫。

政策採購下的臺灣柳丁，到了北京「所託非人」；到了上海，被精明的上海消費者「淘汰出局」。中國大陸市場銷售端通路的大學問，不是一兩天可以學會的。

⋯⋯⋯⋯⋯⋯⋯⋯⋯⋯⋯⋯⋯⋯

關於農產品政策採購，與香蕉有關的還有一件更離譜的眞實故事，就是二〇一一年馬英九開始競選活動時，外貿協會找來山東省長姜大明率團來臺。姜大明在媒體面前誇下海口，要買五千公噸的香蕉回山東。姜大明沒說清楚，這要分幾年買，還是一次買齊；姜大明沒搞清楚的是，臺灣一年香蕉外銷數量，也差不多就這個數字的一倍不到的九千多公噸。

負責這項政策採購的，是一名臺商「掮客」；他前往屏東南州鄉，向青果社蕉農洽談，結果不洽談還好，一談這名掮客居然表明要賺取中間的價差。香蕉一公斤的生產成本當時約十一點五元，山東省開出的條件是一公斤十二元採購價，但這名掮客只願意付每公斤六元收購；理由是他調查過香蕉的田間種植成本就是這個價錢，但他並沒有計算，後續的採收、清洗、分級、包裝、裝貨櫃等等的費用，這個採購案形同破局。

這件事情後來鬧到國臺辦高層，爲了促成不讓農業讓利、收攏農民的統戰破功，雙方最後協調了山東省銀座集團出面買單，臺灣方面由統一集團出面集貨，在媒體面前裝櫃發布新聞了事。

這就是從緊急採購轉變爲政策採購後的大問題。對臺系統操作過頭，連統籌的國臺辦都剎不了車，甚至自己還不時暴衝。對國臺辦而言，媒體宣傳重於一切，不管是哪個系統受邀到臺灣進行政策採購，農產品、工商產品都一個樣，只要是簽下了「意向書」、「採購合約」，就等於達成了政績，就必須大肆宣傳。

這個大轉變是發生在馬英九於二〇一一年開始連任，但其民調始終低迷，中共對臺系統擔心民進黨再次執政，負責第一線執行任務的國臺辦大小官員，錯判情勢所鑄下的大錯。

對中共宣傳機器而言，是否真的有向臺灣農民採購、或後續是如何採購，沒有太多人關心與討論。農產品如此，工商產品更是嚴重；他們明著幫國民黨的馬英九助選，這些省一級幹部官員很清楚，宣傳一定要做大做實，讓中央領導知道他們到臺灣有落實照顧臺灣的三中：中南部、中低收入階層、中產階級。

以選前二〇一一年爲例，二月份南京團，採購五十億人民幣消費性電子科技產品。同樣二月份遼寧團，副省長邴志剛代表向臺南市學甲區訂購一百三十公噸的虱目魚丸。四月份安徽團，省長王三運率團，採購臺灣中南部水果三百多萬元人民幣。五月份四川團，省長蔣巨峰；五月份浙江團，省委書記趙洪祝；六月份工信部副部長楊學山，二十二家大型高科技企業採購團。七月份山東團，省長姜大明率隊……洋洋灑灑，先是馬英九好友趙少康，五月底在蘋果日報專欄發表「拜託大陸省長不要再來了！」沒多久，七月份馬英九藉著和臺北市議員餐敘的機會，透露了「中國大陸省長、書記等高官來臺採購，並不是所有人都得利，特別是在選舉前特別容易產生不好的觀感。」隨後，總統府也正式透過發言人系統，證明馬總統確實已透過陸委會轉達國臺辦，希望能減少書記、省長來臺的次數。

一切仍是以選舉爲考量。中共對臺系統認爲這麼做是在幫你馬英九，沒想到最後竟遭打臉；高官政策採購團終於踩了剎車，但對基層民眾的不良觀感，業已造成。

這些中共省級領導不清楚的是，雖然檯面上風風光光簽了合約、意向書，但後續如何進行，駐臺媒體可是不會放過的。

陸媒自二〇〇一年開放來臺駐點採訪，初始階段准許每家媒體派駐二人，一次以一個月爲限，同時只限人民日報、新華社、中央電視臺、中央人民廣播電臺、中國新聞通訊社等五家中央級媒體。

當中不少資深記者多是先有駐港澳經驗，然後轉到對臺工作這個領域；來到臺灣這個對這群陸媒記者「既熟悉、又陌生」的國度，走出了他們自小課本教材上日月潭、阿里山的刻板印象之外，他們更常深入到中南部，與基層農民做第一線的採訪報導。

扁政府一開始基於「安全理由」，對於陸媒駐點的限制不少，包括離開大臺北地區就得先和新聞局報備，採訪行動不是那麼自由。隨著駐點時間拉長，政府相關部門也認清這五家媒體共十名駐臺記者，其實對臺灣國家安全造成的「危害」並沒有那麼嚴重，反倒可以成爲宣傳臺灣的一種變相管道，也就慢慢解除了一些不必要的管制措施。

但陸媒駐臺記者仍在二〇〇五年初，因報導《反分裂國家法》的通過，出現了小小的缺憾。陸委會當時以人民日報、新華社報導偏頗爲由，「驅離」了這兩家媒體的駐臺記者，同時管制他們再申請入臺，持續了一段時間方解禁。

總的來說，中國大陸中央級媒體對臺灣所做的專題深入報導，其實呈現在中國大陸讀者面前，風土民情更多一些，政治評論幾乎是沒有的。對於臺灣政情的分析與評論，極少見諸報刊雜誌，而是以另一種形式向上彙報。陸媒駐臺記者因爲這些廣泛深入的採訪過程，讓他們成爲最了解臺灣基層脈動的一群現場觀察者。

這個效應發生在日後馬政府開放陸客自由行之後，許許多多的大陸觀光客拿著當初這些陸媒記者的報導，前來一探究竟；甚至有自由行觀光客看到海峽雜誌上介紹在新北市汐止的一家茶行，是南投鹿谷鄉凍頂烏龍茶的後代所經營，特地從臺北晶華酒店花上來回車資六百多元，搭計程車前來購買眞正的凍頂烏龍茶。

這個小故事說明了陸媒記者在臺灣駐點採訪帶來的效應，不僅僅在於政治面的報導與了解，而是把第一手現場觀察的臺灣各個階層的小故事，帶回中國大陸，扮演兩岸交流中一個傳遞眞實訊息的重要角色。

二〇一一年入秋某天，二位駐臺媒體記者低調前往屏東南州鄉，拜會台灣省青果合作社理事余致榮——後來成爲統一超商賣香蕉廣告中男主角的香蕉達人——他看到「中國記者」

到訪劈頭就問：「你們要聽眞話還是假話？」山東省香蕉政策採購的全部內幕，也就這樣全盤托出。

從二〇〇五年到二〇一一年，臺灣水果零關稅出口中國大陸也進行了六年多，照理來說很多貿易往來常規、市場規範問題，都應該獲得解決；即使是面臨臺灣水果過產滯銷的政策採購，或是政治力介入的政策採購，不管哪一種政策採購都不應該出現「中間掮客剝削」的問題。但是余致榮就這樣大喇喇把掮客的嘴臉，一五一十地呈現在這兩位「中國記者」面前，還好當天的行程時間安排必須提前在中午結束，否則聊到傍晚，恐怕更多中國大陸來臺執行政策採購的負責官員要丟官。

這件事情外界悉知來龍去脈的不多，二〇一一年國臺辦擔心馬英九輸給蔡英文，發動省委書記、省長來臺，到中南部大肆採購農產品、水果，只是協助國民黨連任成功的招數之一。但是，發生了山東省長姜大明如此誇下海口要買五千公噸的香蕉到山東，最後卻一事無成的糗事，也難怪敏感如趙少康之人，會先提前警告國、共兩黨，不要再玩火自焚。

姜大明是否眞被人「參了一筆」不得而知，但姜大明可能不知道，眞的買成了五千公噸，臺灣那一年就沒有多少香蕉可供外銷了！

這個事件的發展，最終因爲統一超商率先於二〇一二年開始一根根地賣香蕉，一年可賣出超過一千萬根的香蕉，才發現原來臺灣蕉農不需要中國大陸市場的特別關愛，一樣可以透過「差異化行銷」開闢市場新通路，讓香蕉創造出一年二十億元以上的產值。

回到二〇〇八年開始到二〇一一年暫告中止的以水果爲大宗的政策採購，執行偏差致以「農業買辦」惡名終結；連帶使得兩岸農業交流都蒙上這樣的罵名，也就不足爲奇了！

2. 誰跟著大人走

再次於北京見到李永華，已經是二〇一〇年的事情了。

在臺北農產運銷公司負責香蕉政策採購的收尾工作，帶著主要供應商的台灣省青果運銷合作社理事主席陳益宗、總經理塗秀英前往北京，向中方解釋「香蕉出口技術性出問題」的原因。

李永華在同樣的辦公樓接待了我們一行人，並且把相關執行這樣政策採購業務的承辦人都找來，他開宗明義地說爲什麼這次香蕉採購必須分配「一定配額」給民間的「蔬果運銷合作社」，而不是全部委由官方的臺北農產運銷公司全權處理的原委。

二〇〇九開始年執行三千公噸柳丁，到後來的香蕉採購配額，由臺北農產運銷公司出面統籌百分之七十的採購量，另外百分之三十則交給蔡長榮與曾永長這兩位民間業者處理。

簡單的開場白，李永華向在座的中國大陸官員，介紹了二〇〇五年臺灣省農會參訪團到北京的往事；接著他欠欠身說，關於這個採購配額的問題，是因爲蔡理事長和曾主席這兩人，當初隨團到過中國大陸，基於老朋友的交情，也感念他們當初在過去那段艱困時期，就全力相挺兩岸農業交流這檔大事，所以決定分了一定比例的採購配額給他們，算是給他們的一種回報。李永華說，這是中國人做人的一個基本道理，別人給我們一分，就得還他三分。

李永華的話說得很輕，聽得懂的人就知道其中的奧妙了！

中國大陸市場所謂的「有關係就是沒關係、沒關係就是有關係」，這個潛規則用在兩岸水果生意上，頭銜大，生意自然做大。但是，蔡長榮、曾永長何許人也？前者的頭銜是「中華民國青果商業同業公會全國聯合會理事長」，後者是「南化果菜運銷合作社理事主席」，這兩位在南臺灣都是水果進出口赫赫有名的老前輩。

連戰、宋楚瑜到中國大陸，他們也多次代表臺灣農業界隨團出訪。對國臺辦而言，不是只有「名正言順」的臺灣省農會可以有此尊榮，應該說早在國臺辦希望臺灣省農會組團來中國大陸磋商水果零關稅事務之前，甚至更早於連戰二〇〇五年出訪中國大陸的和平之旅之前，像蔡長榮這樣的老牌水果大貿易商，就已經循著自己的腳步到過中國大陸。

二〇〇五年四月十三日國臺辦經濟局局長何世忠在北京舉行「臺灣水果新聞發布會暨品嚐會」，原計畫和商務部要在會上公布中國大陸擴大臺灣農產品登陸的具體政策，當時受邀出席的臺灣代表，就是蔡長榮；當時，他以中華民國青果商業同業公會全國聯合會理事長的身分與會，而不是他的貿易公司。雖然何世忠代表國臺辦，在會上再次希望臺灣省農會盡快派團和中國大陸協商，也表明中國大陸願意派團赴臺灣中南部考察，和臺灣農業界直接交流，但是蔡長榮的出席，除了證明了他的眼光獨到，更凸顯了生意人特有的敢衝敢殺的特質。

商人的腳步永遠跑得比官方快，商人也很懂得借力使力；當政治走在前面的時候，他們永遠會低調地跟在一旁，伺機而動，絕對不會強出頭。在這場首次舉辦的臺灣水果品嚐會上，蔡長榮說道，臺灣每年外銷水果數千萬噸，唯獨大陸同胞不能品嚐臺灣水果的美味，不外乎是關稅和通關問題，希望中國大陸方面能對關稅和通關問題多做工作，使臺灣水果早日輸入大陸。這番談話，切中中共對臺系統的要害，這位可說是南部生鮮水果南霸天的厲害角色，一轉身到了中國大陸馬上知道「政治正確」是什麼，但他們永遠保持低調，因爲只要太過張揚，依當時扁政府全面封鎖兩岸農業的態勢，絕對會遭秋後算帳。事情發展也證明了在臺灣水果銷往中國大陸的「生意面」上，像蔡長榮這樣可說是水果南霸天角色的人，套句俗話說就是「惦惦吃三碗公飯」。

就因爲蔡長榮有這段勇於到中國大陸推銷臺灣水果的歷史，國臺辦很清楚必須對這樣的人「知恩圖報」，才能夠吸引更多的「蔡長榮們」到中國大陸來，賺中國大陸的水果生意錢。

李永華受命出面接待，臺辦系統做過功課，知道台灣省青果運銷合作社，對於採購配額分配給所謂的「民間業者」很不以爲然，所以派了這位老友出面接待主談，就是想要化解這個難以明說的事實。

……………………

當蔡長榮自己發展出他的生意網絡之後，其他農民團體也都會搭著同樣的列車，跟著「連爺爺」到北京去套關係、找交情，尋求臺灣水果的銷售通路。

反過來，有更多的中國大陸通路商、官二代、國企，也想搭上這班臺灣水果熱銷列車，一樣也會簇擁在「連爺爺」身邊，找尋商機。

既然國民黨連主席可以帶人，親民黨組團去北京，當然也不能少了農民團體的代表。國民黨的邏輯是官大學問大，親民黨則直接到產地，以過去宋省長對地方掌握的人脈，找尋合適的農民團體代表陪同出席；或是，沒有搭上連爺爺列車的「不具全國頭銜」的農民團體負責人，自然成了親民黨可以隨團的成員。

親民黨畢竟資源不比國民黨，從二〇〇五年以降這幾年，臺灣水果熱持續不退，國民黨及其周邊相關人士介入的傳聞也沒斷過。從中國大陸方面傳回的消息，包括國民黨高層到廣西圈地種臺灣水果有之，以連主席爲名號召承攬臺灣小吃街賣臺灣農特產品的也不少，訊息眞眞假假，但萬中不變的是，只要沾上了大人的邊，至少這個故事可以說得動聽一些，可以吸引到的人、資金會多一些，那麼生意成的機會自然也就大一些。

這或許是兩岸之間唯一的「人性交集」，總是喜於攀附權貴。這是兩岸農業交流中的亂象，而且這個亂象在兩邊相互拉扯牽引下，距離基層農民也越來越遠。兩岸農業交流到最後就是這個圖像：上面如果沒有大人帶路、頂著，生意也就做不成。跟著大人前進中國大陸，看看能否賺上一筆臺灣水果的熱錢。

這個怪象從二〇〇五年連戰和平之旅後，一直延續到二〇一四年三月學生反黑箱服貿占領立法院、連勝文臺北市長敗選，中共對臺終於「間接承認」兩岸存在紅利分配不均問題，整個亂象才暫告停歇。

……………………………

中共對臺系統的兩難就在此。既要照顧中下階層的農民弟兄，又得兼顧商人的利益。當對臺過產滯銷水果的政策採購必須有「定額分配」的潛規則，必須把恩情回報這樣的因素計算進去之後，就很難不導向「農業買辦」的不歸路。

確實，以臺灣省農會出面磋商主談大原則，再交由臺北農產運銷公司承接細節執行，在檯面上絕對不會有人質疑具官方色彩的臺北農產運銷公司，會是獲取暴利的「中間商」。

但是所謂的生意人、貿易商呢？生意人賺錢是天經地義，但賺多少錢叫「中間剝削」、賺多少又是「合理利潤」，很難有標準答案。商場上從不會有人覺得自己賺的錢太多，當然更不會有人賺了錢還嫌錢少。既然是政策採購，遊戲規則不公開、不透明，中間掮客扮演的角色也就越吃重，被剝削的機會就越大。

因此，解決這個亂象的方法只有一個：打破壟斷、打破特權、打破不透明的潛規則。

難道說，國臺辦窮其如此龐大人力，得不到這個簡單易懂的答案嗎？非也！唯一合理的解釋就是，國臺辦系統當中有人，早已涉入這樣的怪圈之中，成為共犯結構的利益共生體。

這部分如同國民黨是否深度涉入臺灣水果外銷，而成為買辦集團的首謀，同樣很難有明確證據。同樣是坊間傳聞，國臺辦某高層因為介入了某一項十分火紅的農產品政策採購，拿到了多少比例的好處，這個高層在習近平上臺之後並未隨著前朝慣例高升，反而離開國臺辦崗位，平調海協會「冷凍」。

傳聞來自不同管道，但同樣指涉同一個高官、同一件事，卻有個確切的訊息是，當我方得知某項農產品政策採購內情不單純後，便指派海陸兩會高層到產地採訪，進一步查明國臺辦高層到底在臺灣這兒「搞些什麼鬼」；不料，負責與這名國臺辦高層對接的產地契作負責人，抵死也不讓海陸兩會長官到現地勘查「契作模式如何運作」。

連海陸兩會長官都沒有辦法深入產地現場去探究這個農產品政策採購如何執行，有哪些農民參加簽約契作都不讓我方官員得知，這之間隱藏了哪些不為人知的祕密，可見一斑。

有個真實故事如下，在某次國臺辦高層到臺灣參訪，陪同的福建超大農業公司知道該名官員喜好，是當時中國大陸官員十分流行蒐藏的「檜木聚寶盆」，到烏來風景區旅遊途經藝品店時，剛好見到這麼一個適合致贈國臺辦長官的檜木聚寶盆。不過，這名店家看準陸團長官是肥羊，怎麼都不肯降價，就是現金二十萬，一毛也不肯少；這名超大公司的陪同人員只好連夜透過在臺灣人脈關係，想辦法湊足現金買單。

也是同一名國臺辦長官，某次來到嘉義參訪，地方人士早已打聽清楚狀況，不等國臺辦長官下車，就把秘書拉到一旁的休旅車，打開車門說，裡面的檜木聚寶盆都是要送給你們長官的。

這類奉迎拍馬不勝枚舉，這裡不過點出其中微不足道的幾個小故事。中共對臺系統並不是所有人都如此不堪，深入基層探訪民瘼，想要拉近兩岸距離的大有人在。但中國大陸官員再怎麼低調，到了臺灣總會被一群人團團圍住，想要以「微服出巡」的方式貼近臺灣基層，其實不是件容易的事。

幾次工作機會與國臺辦經濟局研究員有過深度接觸，他們都十分認眞探討爲何「兩岸農業紅利」無法雨露均霑、爲何臺灣水果輸往中國大陸需要那麼多的「中間環節」。對於臺灣水果如果「賣太多」到中國大陸市場，是否會導致臺灣內需不足、價格上揚，引發消費者的反彈與不滿，類似這樣細緻的問題，在某些認眞工作的臺辦官員身上，還是看得到的。

這個現象和兩岸交流間存在已久的操作模式有關。由於臺辦官員根本無法私下自由進出臺灣，每次來臺一定要有臺灣的邀訪單位代爲申請，應付這些邀訪單位都不夠了，怎麼還抽得出私人時間，四處「趴趴走」呢？

再以二〇一四年九月國臺辦副主任龔清概首次來臺爲例，雖然已經盡可能繞過國民黨系統安排會見行程，刻意到中南部接觸基層農漁民，但免不了一下飛機就被臺商大老闆接走，回程最後一晚也得赴約參加國民黨榮譽主席連戰的晚宴。只因邀訪對象是國民黨智庫，連戰是智庫董事長。

比龔清概更早之前到訪的國臺辦主任張志軍，雖避開首都臺北市，降低政治敏感度，還盡量不安排黨政人士的會晤行程，但透過「中華民國里長聯誼會」這樣的組織安排，怎麼算都不是眞正接觸到臺灣一般民眾。

並非針對臺辦系統官員過度苛刻與高標準要求，而是以兩岸交流的立場而論，既然「中間環節」容易讓訊息失眞，就應該盡可能避開，甚至多從其他管道進行以了解臺灣的眞實輿情，而非讓特定團體與對象所壟斷。

兩岸間存在著歷史糾葛下的文化、社會、生活習慣差異，作爲第一線對臺工作的臺辦系統官員，若無此警惕與認知，永遠見不到眞正的臺灣基層，更無從理解。

包圍大小臺辦官員最厲害的，非國民黨籍立委莫屬；其中，又以中南部農業縣市少數幾個現任、卸任立委，絕對是箇中翹楚。只要臺辦前腳一到，他們絕對隨後就到。假借安排臺商會見臺辦官員處理陳情案件是虛，建立自己與臺辦官員的感情才是實；更有甚者，直接把一筆生意攤在桌面上，希望臺辦官員當場承諾的，也不令人意外了。

3. 吃相難看

臺灣契約養殖的虱目魚銷往上海，在「臺灣水果熱」面臨在中國大陸市場銷售的瓶頸，二〇一一年馬政府執政不力、連任大有問題的那個當下，成爲另一個兩岸農業交流的熱點。主導整個案子的除了國務院臺辦之外，直接執行者就是上海市臺辦。

上海市是中國大陸消費力最高的城市，臺灣水果初始也是以長三角爲銷售重心，上海市承接了臺灣農產品的戰略地位，從兩岸之間舉辦農特產品展銷會，多次以上海市爲首發，可見一斑。虱目魚看似風風光光外銷上海，但實際的情況卻是加工切片後的虱目魚，不符合上海民眾吃魚要帶頭帶尾的習慣，使得虱目魚銷售始終只能在臺商圈中，打不進上海家庭的餐桌上。

因此，臺辦官員想出了以加工品「虱目魚丸」爲替代，解決與契約養殖戶之間保證銷售的問題；也因爲多了一道加工程序，讓有心人士找到了介入的空間。

虱目魚養殖以臺南、高雄沿海鄉鎮爲主。當初國臺辦系統會選上臺南學甲的理由，除了當地是虱目魚的養殖重鎮之外，最重要的是每次選舉藍綠比例過於懸殊，綠營得票率超過七、八成，在二〇〇八年馬政府上臺之後，成爲國臺辦高層官員來臺考察的重點之一：如何化解基層群眾對中國大陸的敵意，解決藍綠群眾基礎不對等的問題。在某次國臺辦常務副主任鄭立中來臺的餐會上，就有臺商向鄭立中建言，像是學甲這個地方虱目魚養殖興盛，可以透過契約養殖的方式，保證養殖戶的收益，達到收攏人心的效果。

此項建議得到國臺辦高層的極度重視。二〇一〇年八月二十三日國臺辦副主任鄭立中赴學甲鎮公所，與六十位當地漁民座談，當時漁民朋友便要求鄭立中：「我們不求大富大貴，只求三餐溫飽。」鄭立中當場允諾「契約養殖」。隨後，二〇一一年一月二十一日國臺辦交流局副局長韓蔚低調來臺，前往臺南學甲了解臺灣虱目魚養殖生產過剩、受寒害的情形，當時陪同韓蔚來臺的還包括上海水產集團領導童語駿、顧問楊寶生、副總楊偉勇，以及上海市臺辦處長金雷等六人。

根據媒體報導，學甲食品股份有限公司董事長王文宗當時即表示，將簽署養殖合作，落實契約養殖作業，以學甲爲基地負責收購、製造及加工，以及整條虱目魚的輸出計畫，協助漁民打通中國大陸市場的行銷通路。韓蔚則表示，虱目魚的契約養殖、加工收購等，是雙方簽署海峽兩岸經濟合作架構協議（Cross-Straits Economic Cooperation Framework Agreement，簡稱爲ECFA）早收清單關稅減五百三十九項政策生效後，再加入其中一項，眞正落實照顧虱目魚養殖業者，進一步保障漁民收益，讓臺灣南部漁民獲益。

在馬英九執政的前兩年施政不力、民調偏低的情況下，從二〇一〇年底開始啟動虱目魚外銷工作，除了透過學甲食品公司董事長王文宗穿針引線，也拉出了曾任民進黨立委「許添財之友會」溪北總會會長、也是後壁鄉代會主席的廖文振，此人後來即成立「愛格發公司」，專門承銷虱目魚外銷業務。二〇〇八年底臺南市長許添財與立委賴清德爭奪民進黨初選失利之後，廖文振動作頻頻，對外放話許添財會自行參選，後來許添財棄選，他轉向支持國民黨提名的郭添財，在民進黨內與地方政壇，引發不小爭議。

二〇一一年三月二日核准設立的「愛格發股份有限公司」，這家公司的成立時間剛好就在二〇一〇年六月二十九日「海峽兩岸經濟合作架構協議」之後，從時機點與該公司名稱取作「ECFA」的諧音「愛格發」來看，很難不讓外界聯想這家公司的成立，就是爲了執行ECFA的早收清單中農產品零關稅開放項目。果然，就在愛格發公司成立前夕的二〇一一年二月二十日，媒體就大篇幅報導了中國大陸遼寧省副省長邴志剛，率領該省連鎖超商「大商公司」總裁呂偉順等人，透過學甲食品公司與臺灣愛格發公司董事長廖文振簽約定了採購一百三十噸，總金額新臺幣兩千三百萬元的虱目魚採購合約。

長期以來推動臺灣虱目魚丸外銷中國大陸的學甲食品公司董事長王文宗，積極銷售臺南地區虱目魚，在中國大陸深圳、武漢等地行銷。學甲食品公司以臺南學甲爲生產基地，營運總部設在中國大陸深圳市，專門從事虱目魚及虱目魚加工產品的外銷生意；王文宗曾任學甲鎮民代表會主席，自然與同爲鄉民代表會主席的廖文振熟識。

臺南學甲的主要經濟來源就是以養殖虱目魚爲主，約有一千八百多公頃的養殖魚塭，從二〇一〇年八月二十日開始，學甲食品公司接獲深圳市一張五百噸的訂單後，遼寧省採購一百三十噸、武漢市簽訂兩百噸採購合約，但主要目標仍是透過國臺辦系統的牽線，與上海水產集團公司建立銷售管道，鎖定上海這個大市場。

而透過國臺辦「政策採購」的虱目魚，與臺灣水果走向同樣的命運。差別是，藉由民間公司的力量與養殖戶契作，初期至少保證了養殖戶的收益；但有趣的是，中國大陸官方主導的虱目魚採購，卻是要先過「愛格發公司」一手，也就是中國大陸買家與臺灣的愛格發公司簽約之後，再下單交由學甲食品公司接單生產。

啟運學甲虱目魚丸銷售大陸東北遼寧省的儀式，由學甲食品公司董事長王文宗主持，遼寧採購團員有遼寧省副省長邴志剛、國臺辦交流局副局長韓蔚、遼寧省副秘書長陳淑珍、遼寧省服務業委員會主任韓東太、副主任張震、遼寧省臺辦副主任李成山、新聞辦主任葛本亮、大商集團董事局主席牛鋼及總裁呂偉順等人。

二〇一二年三月的這場臺灣虱目魚外銷遼寧的簽約記者會上，當時的國民黨中常委李全教與國臺辦交流局副局長韓蔚，均在場見證，大商集團總裁呂偉順與愛格發公司董事長廖文振舉行簽訂，完成了這項新臺幣兩千三百萬元的虱目魚採購。

……………………

當二〇一四年國民黨在九合一選舉大敗，民進黨想要趁勝追擊一舉拿下臺南市議長的寶座，不料被李全教殺出重圍，操盤的臺南市長賴清德憤而以拒絕進入臺南市議會抗議。不過，李全教的勝選很快傳出賄選風波，與賴清德同屬新潮流系的民進黨立委段宜康在臉書上貼文指出：學甲虱目魚公司登記人是李全教；學甲食品公司董事長是王文宗；海宴公司的總裁又是李全教，董事長又是王文宗；愛格發公司在二〇一二年十月十九日解散了公司，當時的董事長是廖文振。民進黨臺南市議員王定宇解釋：「大家如果記得這個人，他（廖文振）

曾經試圖一路選一路買，要當民進黨的中執委中常委。」王定宇和段宜康的一席話，實已點出了虱目魚政策採購背後不可告人的黑幕。

兩岸間熟悉水產養殖的業內人士知道，虱目魚可說是國臺辦副主任鄭立中的「地盤」；從二〇一〇年八月他首次到訪學甲之後，一路親自指導操兵，意圖以執行契作穩定漁價的方式，收攏立場一向偏綠的臺南地區養殖戶人心；同時，爲了讓這項政策得以落實，鄭立中還會親自打電話給地方領導人，交辦務必購買虱目魚產品「不得跳票」。

媒體也大肆報導，但如果深入上海市場，眞正購買臺灣虱目魚丸的中國大陸消費者，少之又少。到了二〇一三年臺灣虱目魚轉戰福建，由當地海魁水產集團承接，這同樣又是在國臺辦的指示下辦理；不過，該集團董事長陳振魁對於臺灣虱目魚一開始採取了保守的策略，仍得視市場反應才能決定後續合作模式。

有上海的銷售失敗經驗，福建海魁水產集團以研發虱目魚周邊加工品爲主要目標，像是出蒲燒魚肚、魚丸、料理魚頭湯、魚皮火鍋料等，一直到了二〇一四年五月四日才正式與學甲食品公司在福建東山簽下臺灣虱目魚開發合作協議。根據協議內容，海魁水產集團每年向臺南養殖戶收購兩千一百六十噸虱目魚，加工後供應大陸和海外市場，預計年產值可達人民幣一億元。二〇一四年九月十七日首批六個貨櫃、一百三十二噸臺灣虱目魚運抵福建，後續銷售情況仍有待觀察。

檯面上，學甲食品公司董事長王文宗促成了臺灣虱目魚外銷中國大陸，但政治收割最成功的，反而是國民黨籍的立委；此等情況，與南臺灣水果政策採購，是如出一轍。

地方人士就盛傳，有某國民黨重量級立委有所介入；不過，另外從當地虱目魚加工廠業者傳出的訊息，這名重量級立委並沒有要到多少好處。因爲，虱目魚要進中國大陸市場，還是得過國臺辦高層這一關！

臺南、高雄沿海虱目魚加工廠業者就盛傳，當初有一批虱目魚丸外銷中國大陸，意圖繞過上海轉從青島口岸入關，卻遭到海關以檢查名義查扣近四個月。事後打探，才得知沒有先向國臺辦高層「打聲招呼」，使得這批貨的出口商在領不到錢的情況下，對上游工廠惡性倒帳，迫使這家虱目魚加工廠關門出售廠房設備。

虱目魚外銷被特定人士壟斷，同樣的南臺灣水果出口中國大陸的大小政策採購，何嘗不是被類似模式所壟斷，交由特定人士執行。在二〇〇八年馬政府上臺到二〇一〇年 ECFA 簽訂後，因爲有更多的媒體關注，而使得中共對臺水果政策採購相對攤在陽光下進行，或是交由政府方面從旁出面指導進行，吃相還算斯文。水產品部分因爲更封閉，媒體關注程度不如水果，導致吃相更難看。兩者可說是程度上的差異而已，本質上就是「買辦模式」，這樣的

「負面效應」讓習近平上臺後重新檢討過去執行的「對臺讓利」政策，勢必要有所微調。

從虱目魚外銷的坎坷路可以驗證，兩岸間因為存在太多不必要的環節，但是這個環節卻又往往被政治力干擾和控制，反倒讓應該存在的「貿易環節」被貼上誤解的罵名。眞正該檢討的政治買辦介入，直到國民黨於二〇一四年底「九合一選舉」挫敗，兩岸間許多原本不能說的「買辦」祕密，才有機會攤在陽光下被檢驗。

4. 中間商

可以如此大膽定論，中共對臺灣的農產品政策採購，特別是水果部分，如果是「政治決定論」，那麼一開始只要鎖定「過產滯銷」的品項輸出中國大陸，或許還可以成為被大家接受的最大公約數。但如果往下執行到「讓利給臺灣基層農民」這項工程，就算大家都能忽略這是對中南部農民的統戰工作，事後證明，這個「讓利」也根本無法「合理分配」到每一個基層農民身上。

因為「農產品出口貿易」的流程，不可能完全「繞過中間商」，「直接向農民買貨」——除非中國大陸把臺灣視為內陸的一省，可以完全不遵照國際間農產品進出口的標準作業流程，那麼臺灣農民或許還有機會可以「自行輸出」，而省去進出口的中間環節，創造農民自身的利潤極大化——臺灣絕對不是中國大陸的一省，也沒有人可以這樣硬著操作。

……………………

採購、運輸、銷售，這只是農產品出口的最基本方程式。從買到賣的這一流程，不是單一線性法則，而是複雜變數的排列組合。

特別是中國大陸這個「不透明市場」，再有通天本領，認識再多的太子黨、官二代，仍無法獨吞中國大陸市場，這是鐵律，沒有任何人可以打破。臺灣水果外銷中國大陸在極熱階段，就是有太多人不信邪，認爲自己的「上層關係」有多好，所以不聽勸阻就一頭栽進來，最後認賠殺出的，比比皆是。

其中更多的只是扮演「仲介」角色，想要以「介紹訊息賺取中間傭金或價差」，大搞臺灣水果生意的人爲數不少，這些情況也讓臺灣水果在中國大陸市場銷售時，因爲這些雜牌軍攪亂市場銷售秩序，進而妨礙了臺灣水果進入中國大陸這新興市場遊戲規則的建立。

對水果外銷要認清事實的，還包括水果這東西看似簡單，但以亞熱帶地區生長的水果爲例，它的儲放時程特別的短。臺灣盛產的蓮霧、芒果，保鮮期都不超過一個禮拜；最長的火龍果（扣除柚子和柑橘類不論）保存期限也不過一個多月，均無法和寒帶地區的水果相比。

水果的生命週期從果樹栽下之後，仍持續生長，業界稱之爲「後熟」。水果的特殊性，就在這後熟過程中會散發出「乙烯」氣體，如果把不同品種的水果裝在同一個密閉空間內，會彼此催熟，導致果品的保鮮期縮短。

也就是說，單就水果熟度的控制，要在什麼熟度下、掌握哪一個生長期間點來進行採收，後續採取何種包裝，是否須清洗、以何種方式清洗、裝箱尺寸規格的訂定、運送溫度設定與控制等，這些複雜的「出口前置處理動作」，一個環節稍有不慎，水果品質將會出現嚴重變異，商品價值也將歸零。

即使搞清楚了這複雜的中間環節，並且以最標準化的作業程序走完之後，最後還得把「海運或空運」、「運送時間」的變數考慮進來，然後再回過頭來重新審視前面的「中間環節」是否搭配得當，方能確保果品品質，並降低水果在運輸過程中的耗損。

綜合上述流程與因素之後，回到水果採收的第一個步驟：要採幾分熟度的水果作爲這批出口使用？這又是另一門學問，不同品項的水果，在不同產區、不同的耕作方式，對水果熟度的認知與後熟的控制，都是經驗的累積。

有經驗的出口商，都有一套自己的「換算公式」。但中國大陸市場因爲它的封閉性，加上運輸模式從小三通過渡到大三通，使得水果在中國大陸海關的因「停倉」時間不確定，導致風險加大，這些因素也是兩岸農業交流的初始，集中聚焦在「建立綠色通道」此議題上的原因，就是希望縮短水果運送時程，讓水果鮮度維持在最佳狀態。

另一個外界不知道的事實是，中共對臺灣水果雖有零關稅措施和綠色通道，但對圈內人而言最困難的還是「配額申請」的取得。也就是說，不是任何一家貿易商都可以進口臺灣水果，每年開放多少數量的臺灣水果進入中國大陸市場，這個「數字黑箱」只有每個口岸拿到特許權的公司知道。

回到臺灣水果出口中國大陸市場，爲何成功的少、失敗的多這個議題上。熱帶水果出口的熟度控制，絕對是生意成敗的第一要件；熟度控制失敗，水果的銷售期縮短、賣相與口感變差，末端通路誰會想要賣一個很快就爛掉、又不好吃的水果呢？

這些複雜的出口流程，不是一個非水果貿易行業內的生手可以在短短一、兩年內就學會的。對於想玩兩岸農產品貿易生意的人，他可以選擇一個專項或單品來操作，但這種理想化的生意模式，也因爲臺灣水果的週期性太短、產能穩定度太低、出口價格浮動性高，仍有實務操作上的難度。

要認清的事實還很多。兩岸農業交流一開始因爲臺灣水果外銷的熱潮，掩蓋了這些原本大家都應該要知道的事實。一窩蜂的結果，就是沒有多少人有興趣認眞探討，更遑論大家坐下來商討如何發揮以小搏大的精神，去對抗東南亞、日本、韓國的農產品橫掃中國大陸市場的現實情況。

最可悲的是，在兩岸農業一開始的熱潮下，臺灣水果到中國大陸打著「臺灣」兩個字，就自以爲能在市場銷售無往不利，吃定大陸人的心態比比皆是。

* * *

距離南臺灣的嘉義國道三號梅山交流道出口不遠，一處不起眼的廢棄紡織廠，剛過六十歲生日沒幾天的溫義作，是臺灣貿易商出口中國大陸水果最倚重的「上游」：兼具供貨、包裝、集貨、出貨。溫董的例子，就是最好的明證。

二〇一一年入秋，當中共對臺系統鋪天蓋地地到訪臺灣，想要深入基層了解到底對臺農業讓利，是哪個環節出了問題的時候，駐臺陸媒記者提出想到中南部走走的想法時，第一個想到的就是「溫董」。

利用週末，開車南下直奔溫董的集貨場，讓陸媒記者朋友們親眼看看臺灣水果是透過什麼樣的流程，賣到中國大陸。

滿口檳榔不離嘴的溫董，如果以國臺辦的標準，他不過就是個「需要被減去環節的中間商」而已。

但是，吹冷氣官員有所不知的是，沒有溫董提供這樣一個「雖不符合規範但收費合理」的包裝場地，很多貿易商其實是找不到一個地理位置優越，得以「南北集貨」又能「一條龍」服務把所有當令水果，從採購、分級、包裝到裝櫃，集中在單一的場地，一次解決。

溫董是如何在最短時間集中貿易商所需要的水果，數量、規格、包裝等等，均能滿足各種不同需求？

「中盤商」這個被汙名化的角色，就是溫董所扮演的。中間商顧名思義，就代表在出口貿易商與農民生產者之間，進行交易的人。

以目前臺灣的生鮮蔬果運銷來看，如果農民沒有加入基層農民組織的「共同運銷體系」將蔬果運往最大的消費地臺北，大概就會被產地所謂的「大盤商」，把蔬果不分等級規格，一次性掃光，這種情況水果尤其明顯。

就生鮮蔬果的出口貿易實務操作來說，也沒有幾個農民願意直接把水果賣給出口商，然後自己承擔可能被倒帳、退貨的風險。

這種例子，以鳳梨、柑橘類、葡萄柚等可儲放的水果，或是產區很集中像是愛文芒果等，特別容易造就「產地大盤」；農民希望在採收後的最短時間內脫手，銀貨兩訖不需受市場價格波動影響，還可當場收現金。

不是每種水果在產地都會被「產地大盤」壟斷，因此導致農民收益損失，也不是每個水果產地都有「產地大盤」。大盤商與產地價格的波動性，兩者間不必然有等號關係。

溫董的集貨場，就是鳳梨、葡萄柚加上夏季蓮霧的產區中心點，而這幾樣水果剛好也是上海、廈門等市場接受度最高的臺灣水果排行榜前幾名。

在上述這些因素綜合下，溫董的集貨場很自然成為貿易商集貨首選，甚至採購都委由溫董代為處理。

以二〇一一年估算，溫義作告訴陸媒記者他當年約可出口兩百個四十呎貨櫃的臺灣水果，七成銷往中國大陸的上海、廈門等地。品項以葡萄柚為最大宗，幾乎銷往上海的臺灣秋季葡萄柚，都是從溫義作的提貨場裝箱輸出；為了上海市場，溫義作還與農民合作把葡萄柚的產期往後延至每年的元宵節過後，仍有第二期果可採收出口，整整延長了一倍的週期。

出口水果的規格有其獨特性與標準性，沒有溫董以中盤商角色進行過濾、篩選，將符合規格的水果裝箱出口、不符規格的退給上游大盤；這樣的模式，讓溫義作所做的規模越來越大，同時也平衡了生產者、中間商與出口商的利益。

在臺灣，以小農耕作規模的形態下，很少有農民可以有辦法「一次性」提供四十呎貨櫃所需數量，必須透過合作組織或產銷班的團體力量，才能在最短時間內，提供符合出口規範標準的水果。

農會的產銷班班長即使有意願參加與貿易商的契約耕作，但如果產銷班的班員配合意願不高，或是生產不出符合外銷規範標準的水果，也只能放棄；同樣的，貿易商多數時候為了於最短時間內一次性備齊貨源，只能仰賴產地盤商的協助供貨。

溫董，也不過就是臺灣農業生產現況下，應運而生的角色！事實也證明像溫義作這樣的角色，不可否認地背負了一些罵名，但也確實能滿足不同出口商的需求，解決複雜的採購、供貨、包裝到併裝貨櫃。

有心經營出口業務的基層農會，他們也能扮演與溫義作相同的角色，或發揮同樣的功能；但對基層農會而言，一次操作單一品項問題不大，但要在同一時間集中各式各樣的水果農產品，就會出問題了。

合作社場的概念也是如此。除非設立專責與貿易商對口的承辦人員，否則以內銷為主要業務的果菜運銷合作社，同樣也會心有餘而力不足。

仍有幾個「旗艦級」產品，因為日本外銷市場的穩定性，形成眞正的產業聚落，從生產、接單、出貨，都能達到出口標準，且能滿足各種不同出口需求。這個部分，也會在後面的章節陸續介紹成功案例。

所以問題來了，按照國臺辦的思維，必須讓農民利益極大化，且最好省去中間環節。但是此模式的成功要件就是契作；但在臺灣，水果契作少之又少，如果中間商確有其存在之必要，怎可能如此容易省去中間環節。

進出口流程的環環相扣，最主要是爲了風險分攤，另外就是能夠在最短時間內，透過分散式採購、集中貨源的模式，採買到符合買家所需要的水果商品。

臺灣都是小農，契作有其執行的困難性，但也絕非不可行，政府如果有心要推廣水果外銷，除劃定外銷專區之外，有責任輔導農民建立契作生產的一套標準流程。沒有外在整體架構的改變與相關配套措施，想要去除貿易流程的中間環節，做到直接向農民採購，絕對是不切實際的。

5. 鳳梨釋迦

臺灣農產品，特別是水果外銷中國大陸，有沒有成功的例子？當然有！但這些都不是在「政府政策」下出現的，而是依據中國大陸市場遊戲規則而成功的。其中最著名的就是「鳳梨釋迦」外銷廣州江南批發市場的案例。商場成功案例不多，成功者也未必會全盤托出他的成功之道；臺灣的鳳梨釋迦外銷中國大陸市場，從每年幾個貨櫃，到二〇一四年已達到一年破五百貨櫃的出口量，背後有一個關鍵人士，那就是臺東果菜運銷合作社理事主席沈百合。

臺南關廟人的沈百合，五十歲不到隻身從臺南關廟老家來到臺東；她與農民搏感情，辛苦建立起自己的產銷班。自己深夜陪老農下田，冒著被青竹絲咬的風險，與他們一起人工授粉。沈百合這麼做，就是要告訴這些釋迦農民，沈百合是與你們站在一塊的。

隨著加入的農民擴大，她的合作社也開始面臨同樣的「產銷失衡」問題；個性不服輸的沈百合，爲了解決大目釋迦、鳳梨釋迦在臺北果菜市場批發價格令農民不滿意的問題，經常就這樣一人連夜開車繞經高雄再往臺北，只爲了見到批發市場的釋迦拍賣員，與他們溝通，也了解臺北消費市場的買家心態，作爲回去改進「分級包裝」的參考。

內銷市場終究不能解決生產成本與市場價格落差的問題。二〇〇五年臺灣水果零關稅啟動之後，她嗅到了商機，但並未躁進；而是選擇先把自己產品標準化的品質做好，同時透過貿易商的引薦，來到了中國大陸廣州江南果菜批發市場。

這個成立不到十年，但已成爲廣州口岸周邊最重要，也是最具規模的進口水果集散地。沈百合利用釋迦農閒空檔，一人住在江南市場旁的小旅館，每天清晨四點多就走到市場，觀察這裡的進口水果買賣，看看哪個「當口」（當地人對盤商的稱呼）做生意最有實力也最有誠信，就這樣前前後後待了超過半年，也把自己種植的釋迦帶過去讓這些盤商試吃，最後終於選定了一位可以信得過的合作對象。

二〇〇九年冬天釋迦產期，沈百合知道她的機會來了！

同一時間，早有專做東南亞進口水果的臺灣大貿易商，也看準了鳳梨釋迦這個水果，內行人都知道廣州江南蔬果批發市場是最佳通路管道。

這裡每一天有至少兩百個四十呎貨櫃的進口水果於場邊交易，然後再發貨到全中國大陸。這裡的交易模式與臺灣不同；對中國大陸的批發市場而言，他們只收取進場手續費，至於進場的蔬果價格，全部由買賣雙方自行決定。

農民或進口商把農產品送到批發市場之後，要不就是委託大盤商，要不就是自己親自叫賣；而最大的不同就是，生產者農民或出口商，最終收到多少錢，完全看盤商賣出多少錢而定，也就是俗稱的「隨行就市」。

理解這樣的交易模式十分重要。如果你口袋不夠深，有可能幾個貨櫃沒有賣到成本價，馬上就血本無歸；因此玩得起「隨行就市」這個遊戲的，一定要先捏著幾千萬在手中，而且鎖定一種水果品項之後，從生產一開始到生產結束，每天、每週持續向農民收果、向海外市場銷售，這就是「契作」——因為，農產品出口特別是這種熱帶水果，如果沒有辦法以「一口價」向農民講定出貨價格的話，就是隨著市場行情波動，以每週報價一次。

如此一來，在水果盛產期的時候，價格自然下滑、果品品質賣相也是最好的時候，出口到海外市場有競爭力，獲利空間也自然出現，也就是「截長補短」。產期前、後兩端可能會賠錢、甚至血本無歸，但是盛產期的中間時段，往往有機會大賺。

這是一場博弈。沈百合以一人之力，與這些大有來頭的貿易商在廣州江南蔬果批發市場卡位競爭，最後，不僅打出自己的品牌，還陸續成功引進臺中東勢明進里的「茂谷柑」。沈百合的名號，已是江南市場臺灣鳳梨釋迦出口商的代言人，她的成功絕非偶然，是靠著對鳳梨釋迦的熱愛，奉獻她下半輩子的歲月，立下要把臺東農民的鳳梨釋迦賣到中國大陸這樣的一個重願，在這使命責任感的驅使下戮力達成，足讓人敬佩。

⋯⋯⋯⋯⋯⋯⋯⋯⋯⋯⋯⋯⋯

臺灣農民將美國品系雜交品種鳳梨釋迦（又稱蜜釋迦），嫁接在大目種，取代以種子種植，加速其生長性，約一年即可收成；以現有技術轉果率都在八成以上，加上臺灣農民技術改良精進，使得鳳梨釋迦不僅甜度極高，果粒碩大，更重要的是它具備了比其他品種釋迦來得相對長時間的保存期。

臺東的地理氣候與臺灣西半部不同，早期臺灣的釋迦主要是粗鱗種、細鱗種與軟枝種，但後來逐漸被大目種取代，也就是大家熟知的大目釋迦。除了臺東以外，西部的彰化一帶主要種植以粗鱗種、細鱗種爲主；但在臺東地區農民以嫁接法種植鳳梨釋迦成功之後，一下躍升爲當地水果主力。隨著國人飲食習慣的改變，過甜、要削皮的水果漸漸不那麼討喜之後，鳳梨釋迦一度在批發市場的平均交易單價不高。直到中國大陸開放臺灣水果零關稅，讓臺東地區的鳳梨釋迦找到了出路。

嘗試把釋迦賣到中國大陸市場的商人很多，混裝櫃到上海、廈門，但最終都失敗。二〇〇八年底，陪同臺北農產運銷公司總經理到江蘇省考察時，就有臺商在常州的大賣場開設臺灣水果專區，裡面陳列販售的大目釋迦因爲熟度控制失當，呈現「啞果」的情況：果皮發黑、果實生硬已無法後熟。

這是外行人做水果生意一定會碰到的狀況，即所謂賠錢繳學費，因爲臺灣的釋迦種得比中國大陸海南、福建的還要大顆，不怕死的生意人還是拚命地把臺東的大目釋迦往中國大陸送；但要能成功控制熟度不啞果，不是一般技術就可以成功。

有貿易商爲了解決大目釋迦的熟度控制問題，發明了一種浸泡過「乙烯抑制劑」，材質爲不織布的「藥布」，宣稱只要在每箱大目釋迦上放一片這種藥布，就能夠讓大目釋迦進入「休眠」狀態；等到貨櫃到港開箱之後，進入正常室溫儲存，大目釋迦就可自然後熟。

⋯⋯⋯⋯⋯⋯⋯⋯⋯⋯⋯⋯

在二〇一一年底陪同沈百合主席前往廣州江南蔬果批發市場。出發前早已耳聞這個市場的規模，到了之後只能說百聞不如一見，規模之大令人嘆爲觀止。

只見一整排的美國進口蘋果、一整排的泰國進口龍眼、又一整排的美國進口葡萄、一整排從南半球智利海運過來的櫻桃。這所謂的一整排，大約就是五十個四十呎冷藏貨櫃。臺灣的鳳梨釋迦，在到訪的那一天，也來了五個四十呎櫃；算一算，臺灣水果在中國大陸進口水果市場量，就是四十分之一。

廣州冬天的早晨不像臺北那麼冷，在臺北農產運銷公司工作一段時間，早已習慣夜間工作的作息，但凌晨四點就得到批發市場看一個陌生的「場邊對手交易」模式，仍十分新鮮。

沈百合熟門熟路地帶著一行人穿過旅館小路，七拐八彎地來到江南批發市場的進口水果專區大門。這裡有別於臺北果菜批發市場的經營模式，盤商就站在自己的貨櫃前，吆喝著小販商前來購買；價格則隨著今天到貨量、末端市場銷售等資訊來決定。當已習慣臺北的公開競價拍賣交易模式，對這種極不透明的方式仍大感疑惑，買賣雙方的價格信任要如何建立？

沈百合要大家耐心等候到天亮！東方魚肚乍白後，沈百合走到貨櫃門前，把盤商拿出的「樣品」打開檢視；原來，那些盤商會不會賣，除了與盤商自身的專業性、下游銷售網絡大小有關之外，鳳梨釋迦的成交價格仍取決於「果品品質」這四個字。

沈百合隨手拿起另一家貿易商進的貨說：「你看，他們這家貿易商的採收時間太早，果形也不夠漂亮，釋迦的大小也不太一致。」這些小細節，決定了商品市場價格。

沈百合接著說：「來自全世界各國的水果，全都集中在廣州這個批發市場內；你說如果品質不好，不僅自家人你都比輸，還賣不到好價錢，又怎麼能夠吸引下游買家來買臺灣的鳳梨釋迦呢？」她又說：「這個市場有這麼多選擇，鳳梨釋迦遇上智利的櫻桃、美國的蘋果與葡萄，這些要不是作爲送禮用，要不就物美價廉。」

臺灣水果如果不把自己當成進口水果來與其他商品競爭，單單靠著「臺灣」二字，或是鳳梨釋迦的特殊性，能夠在這樣一個競爭場域存活下來嗎？

……………………………………………

從江南批發市場的經驗得知，消費市場規模大小不是重點，重點在於「臺灣水果必須把自己當成進口水果」。只要抓對了這個重點，才能打通中國大陸銷售通路的任督二脈，也方能想通臺灣水果在中國大陸銷售這個生意，要如何長遠走下去的門道，這也才能落實「解決臺灣農產品在中國大陸的銷售問題」。

只在乎「臺灣」兩個字，以爲用了「臺灣」兩個字就可以在中國大陸市場通行無阻，那麼下場就是當嚐鮮期熱潮一退之後，「臺灣水果」名號也就英雄無用武之地，更不用提什麼銷售通路的獨特性，到那個時候就是被市場給淘汰的時候了。

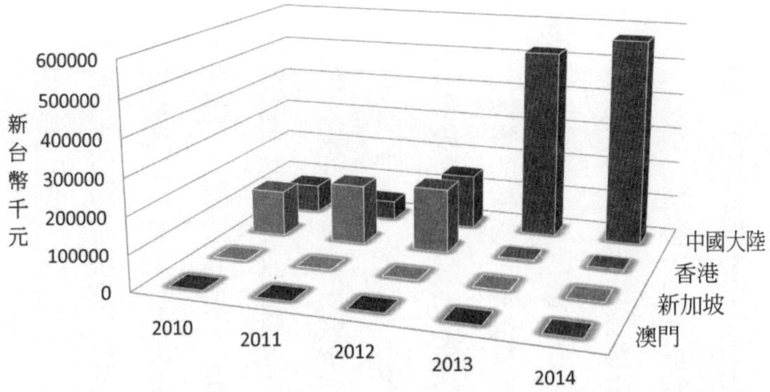

	2010	2011	2012	2013	2014
■澳門	0	0	0	0	239
■新加坡	1,863	1,533	1,392	1,187	709
■香港	126,789	165,412	177,811	4,049	5,158
■中國大陸	79,330	52,708	151,259	524,711	572,139

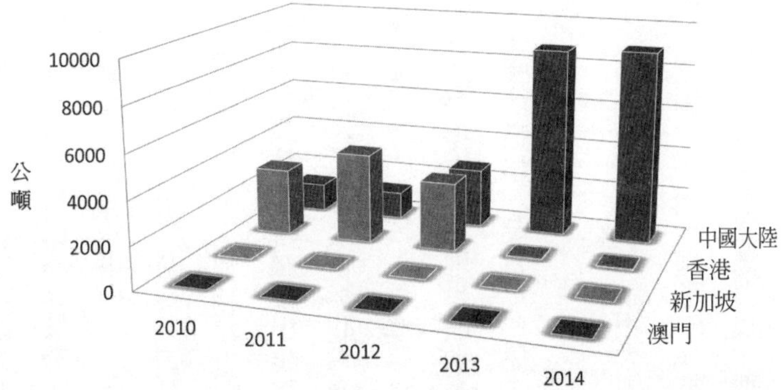

	2010	2011	2012	2013	2014
■澳門	0	0	0	0	1.329
■新加坡	21.684	18.305	14.292	16.23	8.58
■香港	3093.392	4175.172	3185.914	58.959	51.289
■中國大陸	1292.691	1242.903	2741.037	8815.591	8969.28

臺灣近五年釋迦出口重要國家統計圖表*

*資料來源：財政部關務署統計資料庫 https://portal.sw.nat.gov.tw/APGA/GA03

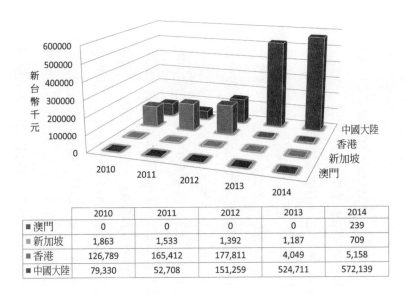

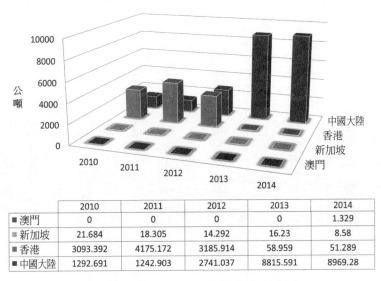

反過來看，臺灣滿街來自美、日、智利、紐西蘭、南非等農業大國的蘋果，這些舶來品須先確認自己就是「進口水果」；在行銷策略上，進一步以自己產區優勢、果品特性等，甚至得動用到國家資源進行海外行銷，協助農民、貿易商拓展海外市場。

貿易商進口蘋果時，不會只單純強調「美國」蘋果、「日本」蘋果、「智利」蘋果、「紐西蘭」蘋果、「南非」蘋果，而是會說「青森蘋果」、「美國富士」、「智利富士」等強調品牌化的市場區隔，甚至紐西蘭蘋果爲了殺出市場重圍，還刻意在年節時候推出小包裝，適合送禮市場。最大宗的蘋果市場競爭都如此了，更何況臺灣水果在中國大陸屬於「分眾市場」、「小眾市場」，只強調「臺灣」水果，而不進一步行銷果品自身的特性，透過試吃、促銷及品牌化等行銷手段，建立長期穩定的銷售通路管道。此外還是得進入當地果品批發市場的源頭，接受市場競爭的檢驗。當批發商、消費者接受臺灣水果的價格、品質、口感，這樣的水果方能在市場上占據一席之地。

殺頭生意有人做、賠錢生意沒人碰；只要產品符合市場需求，就不太需要無謂的政治力介入。就兩岸情勢，固然臺灣水果享有中國大陸民眾對「臺灣」這個「民族情感意象」的嚐鮮優勢，但這個優勢已完全消失。兩邊政府若眞的有心要幫助臺灣農民，要協助臺灣農產品在中國大陸取得銷售優勢，就必須更大幅度的開放市場，朝向更透明、自由化的方向，尊重市場運作機制，減少特權與不當外力介入，方為上策。臺灣鳳梨釋迦成功打入中國大陸市場，就是靠著「尊重市場機制運作」而成功；政府若真的想盡點心力，應該把資源放在市場調查、產品行銷等個別農民、小貿易商等做不到的「資源整合」層面上。

臺灣農委會有沒有做？答案是有的，但卻選擇了錯誤的策略，最終就是把大筆經費往水裡丟，一點效果都看不出來。

二〇〇八年馬政府上臺，農委會主委陳武雄把「日本東京臺灣物產館」移植到中國大陸上海，於二〇一〇年透過公開招標的方式，由臺灣統一集團旗下的「統一夢公園」得標，最後卻因不明原因草草收場。

日本的臺灣物產館模式，是委託日方通路商執行，至少還熟悉當地市場生態；但臺灣政府公務部門經費顯然不能委由上海當地公司執行，統一集團開「便利超商」是臺灣第一把手，但「到中國大陸賣臺灣水果」對其而言顯然是出師不利，原本希望藉上海臺灣物產館這個「展示據點」，擴大臺灣農產品在上海消費市場的能見度，最終證明了資源用錯了方向，等到陳武雄於二〇一二年黯然下臺之後，繼任者陳保基也就不再提起此案了。

第五章　農業戰場

農業在官方與民間，或在國內外如何進行與推展；臺灣農業之於全世界，全世界又如何看待臺灣，這些議題因爲我在臺北農產運銷公司的工作經驗，在兩岸農業交流之外，得以有機會獲得更爲寬廣的涉獵。跳脫兩岸農業交流的格局與框架，或許更能將兩岸農業交流衍生的各種負面效應，看得更清楚，也或能從中找到解決之道。

1. 嘗試失敗

兩岸經貿交流，永遠是媒體報導的主流，也是政商關係眞正的命脈所在。但依附在此的農業就不是了！農業議題太過專業，也太過邊陲，因此很少會成爲媒體關注的焦點，在缺乏輿論監督的情況下，藏汙納垢也就更形嚴重。

二〇〇八年國民黨重新執政，其首任農委會主委陳武雄，是馬英九當年競選總統白皮書中農業政見的主要撰述者；陳武雄在國民黨智庫任職時期的同事，也是陪同許信良出訪中國大陸的詹澈，這二位是國民黨在野時期，重要的農業政策核心幕僚。

陳武雄是馬英九第一任期中，最忠誠執行其競選政見的政務官之一；陳武雄把政見白皮書中農業政策的落實，做爲他農委會主委的重要指導原則。

在面對兩岸農業交流與臺灣水果出口中國大陸的態度上，陳武雄並沒有因爲政黨輪替，掌握到兩岸之間更和解的氛圍，進一步創造更有效的管理與輔導措施，藉由內部機制來擴大農民的利益分享。死守競選政見白皮書，最終就是錯失良機，與民意脫節。

這一點，如果民進黨的鎖國心態是錯誤的，國民黨官員不敢大開大闔藉機會創造新局的保守心態，同樣令人可議。

國民黨重新執政後任用的農委會主委陳武雄，在宋省長時代是省農林廳廳長，凍省之後他轉任農委會副主任委員，一直持續到扁政府上任後，還從農委會副主委位置轉任有官方色彩的「中央畜產會」任董事長；他十分清楚所謂國民黨在野八年，這個自己人——農會系統，所遭受的「怨氣」與「委屈」。陳武雄最後以扁政府行政院顧問身分離開，坐領民進黨政府近四年政務官薪水，然後又被馬政府重用，也算是政壇異數。

陳武雄的行事風格，從他遊走扁、馬兩朝的爲官記錄觀之，更可看出此人性格。陳武雄是在水果批發市場賣香蕉長大的貧困子弟，連戰有次私下形容：「陳武雄更像個詩人，個性不像個當官的人！」爾後，他擔任馬政府第一任期農委會主委近五年時間，處理兩岸農業交流，特別是農產品出口這一個問題上，評價兩極，也就不令人意外！

如果說，兩岸農業交流最後淪爲「買辦」的罵名，或是所謂中共對臺農業統戰沒有眞正達到「讓利臺灣農民」的成效，陳武雄身爲農委會主委如此關鍵的角色，確實有深入探究之必要。

……………………………………

在處理農產品的國內外產銷這一事務上，除了恢復過去農會系統該有的資源補助，最重要的是在農產品外銷業務方面，特別是水果這件事情，陳武雄自就任起便積極想要促成「國家級」大貿易公司，作爲臺灣與中國大陸貿易或外銷其他國家的單一窗口。

二○○八年盛夏到臺北農產運銷公司擔任董事會秘書，第一個與農委會官方接觸的業務，就是處理這個國家級大貿易公司的成立，作臺北市政府與中央農委會之間的溝通窗口。

陳武雄在得知臺北市政府官股對此事興趣缺缺之後，轉向透過臺南縣農會投資的南瀛農產國際行銷股份有限公司、高雄縣農會投資的高雄農業開發股份有限公司、雲林縣農會轉投資的臺灣雲林農業物流中心股份有限公司等，這些以農會系統爲背景的農產品貿易公司，尋求合作。當時提出的方案還包括將這些公司合併、或由臺北農產運銷股份有限公司出面主導整合，但始終得不到農會系統的正面回應。

這個大貿易公司雖然沒有成立，但日後中共對臺灣採購過產滯銷的水果時，出面與中國大陸洽簽採購合約的，仍是農會系統與臺北農產運銷公司，這兩個農委會官方可以間接或直接主導的單位或公司。

陳武雄積極推動農產品外銷的政策，在他卸任之後其繼任者陳保基，改採主張臺灣農產品「地產地銷」的政策方向後，官方介入兩岸農產品貿易的力道，方見趨緩。

事後檢討，這個由政府出面主導的大貿易公司如果成立，相信很多的「農產品買辦行為」會因為業務推動窗口的「單一化」把縫隙塡死，農民或有機會直接面對買家，達到直接受惠於農產品外銷中國大陸的紅利分享的目標。

陳武雄因為沒有堅持他的理念，落實馬英九的政見白皮書，一如扁政府時代的農委會主委陳希煌一樣，沒有把臺灣農業策略發展聯盟協會運作成功，兩人都在「農產品運銷」這個議題上敗陣。

……………………

馬政府一上臺，就緊盯他的競選白皮書的執行率。陳武雄他自己所擬定的「大貿易公司」苦苦無法達成，也讓他的農業政策白皮書執行率，未達馬英九的滿分標準。

由政府出面主導成立大貿易公司，想要以單一窗口模式解決臺灣農產品出口的問題，為何農民團體與臺北農產運銷公司都不買帳呢？

大貿易公司的精神與概念，主要是移植自紐西蘭政府輔導奇異果產銷業者成立單一公司，來統籌奇異果這個單一品項的水果出口。臺灣與紐西蘭的農業生產模式、產銷結構完全不同；過度昧於事實的規劃，注定失敗。

臺灣農產品的生產者、消費者中間，如果按照現行法令規範，必須以批發市場爲交易平臺，方能層層往下批發，經中盤、小盤送到消費者手中。法令雖有如此規範，但現今商業模式早已改變，量販店與電子商務的興起，帶動產地直銷、網路購物的新消費型態，這又是法令沒有跟上時代的案例。

內銷部分的農產品銷售，尚有《農產品市場交易法》爲專法規範，但農產品外銷部分，不僅沒有專門法令可做爲政策執行的依據，還得爲了加入世界貿易組織而承諾的市場開放，不得對農產品出口進行實質補貼。

因此，政府出面主導要成立大貿易公司，首先就面臨與法不符的困境，同時也很難避免遭遇妨礙貿易自由化的限制，甚至調查。

其次，就現實面來說，幾乎沒有出口商願意和農民簽約契作。農產品契作是一個成熟的概念，在多數國家有其一套遊戲規則可依循，可是在臺灣「契作」喊了十數年，官方卻從來沒有能力來主導形諸成爲一個大家都可以接受的生意模式，確保生產者農民與買方貿易商之間的利益，都有其保障，往往都是口號喊一喊，但落實執行的卻少之又少。

實際的情況是要實施契作，農民必須有心理準備，他的收益是穩定的，不能隨市場價格波動而增加，但也不會因此損失減少；相對的，買方貿易商部分，取得穩定的貨品採購價格，但市場末端售價的變動風險，也不能轉嫁回農民身上，必須自己承擔。

契作是尊重市場機制法則來運行，官方要主導這樣的事情，要創造出另一個紐西蘭奇異果產銷專賣公司，在時空環境大不相同的情況下，實屬不易。

農產品出口，特別是保鮮不易的蔬菜水果，生產者以賣斷方式交易，也不接受退貨，交情不夠的買主，還得現金交易給農民。

如果是官方來主導一個大貿易公司，沒有農民生產者願意配合大面積生產的契作方式，以及買方先提供相對保障的價金，以保障農民生產者的收益不受影響，提供農民一個「價格保證」收益，讓整個風險由中間商/貿易商全數吸收，或是轉嫁到買家進口商身上。沒有上述的架構與條件，成立一個大貿易公司根本就是緣木求魚。

反觀紐西蘭奇異果可以外銷全世界這麼成功，最核心關鍵要素是行銷，其次才是這家公司在法令賦予的權力下，花費數年時間成功整合了農民，然後由公司出面擔保農民每年、每季、每月的收益保證，甚至在年度結算時，如果盈餘超過預期還有分紅。

這些與生產者前端整合協調工作之所以成功，是因爲紐西蘭奇異果在上世紀七〇年代發生嚴重的過產滯銷，那段大家共同經歷過的慘痛經驗，迫使政府痛下決心出面主導，經過幾個階段的改革嘗試，方順利成功整合農民，願意加入這家「經政府認可的專責出口貿易公司」。

至於，紐西蘭政府、奇異果公司、農民等三方，共同制定奇異果的外銷標準作業流程、品種系的商標註冊、全球行銷策略等等的背後努力，這些既複雜又專業的商業整合工程，以臺灣的農會體系，或臺北農產運銷公司現有的人力資源水平，恐怕沒有能力運籌帷幄此等規模的大貿易公司。

……………………

大貿易公司的設立曇花一現固然可惜，但如果重頭來過針對芒果成立一家專責外銷公司、蓮霧成立一家專責外銷公司，是否眞的不可行？按當時農委會主委陳武雄規劃的執行方式，因爲他可以借重的資源仍是地方基層農會，因此眞的往這個方向推動，最後仍可能因爲利益衝突而不了了之。

大貿易公司沒有成功，避免了資源被農會系統壟斷，但也錯失了一個可能改造臺灣生產者與出口商之間生意模式重組的機會。倘若眞的採取成立各個獨立的專責水果出口公司或組織，而不是以整併現有農會體系貿易公司的模式，搞不好眞的在基層農民與輿論的壓力下，讓這些蓮霧外銷公司、芒果外銷公司試行上路，可以成功闖出一片天來！

大貿易公司破局，除了官僚體系的變通能力不足，回歸到底就是大家各懷鬼胎，沒有人會把自己手邊的客戶、業務交出來給這家大貿易公司。與農委會同樣擁有臺北農產運銷公司百分之二十二點四十七股權的臺北市政府，他們官股代表投下反對票，也讓農委會扼腕。

至於農會系統在二〇〇八年總統大選時，官方多要看他們臉色，對選舉動員必是多所相求，選後沒有主動向農委會要糖吃已經不錯了，反過來官方竟還想以一個大貿易公司來「消滅」農會既有的公司，更是癡人說夢了！

答案很清楚，如果把兩岸農業交流放在農業行政官員的框架下解釋，不管是前任農委會主委陳武雄，或繼任者陳保基，官僚心態共同擁有的「不能出大事」基因作祟之外，如何平衡自己頭頂上的「眾多老闆」——馬英九、連戰、吳伯雄、王金平，甚或吳敦義、高育仁這些黨國大老，乃至各個立法委員的虎視眈眈——如何不介入這之間的矛盾衝突，全身而退，才是他們最關注的。至於農民利益，就都先暫時擺一邊吧！

農委會官員的怕事、不敢得罪既得利益者的心態，扁朝與馬朝的農政官員，其實也都一個樣。陳希煌、陳武雄都曾努力做出嘗試，他們的初衷本意或許良善，但一旦捲入政黨意識形態的糾葛，再多嘗試與轉變也不會改變弱勢農民永遠是政治結構運作下的犧牲者，這是千古不變的道理。

2. 龍頭在哪裡？

於二〇〇八年初離開組黨的那段紊亂，再次回到農業工作的軌道上已經是同年的七月。二〇〇八年六月中，再次到訪北京，一方面感受舉辦奧運的氛圍，另一則拜會當年共同參與兩岸農業交流的官方與非官方朋友。但一通來自高雄縣農會總幹事蕭漢俊的電話，將我拉回了臺灣。

經過蕭總幹事的推薦，進入一家十分封閉，但卻擁有龐大「農產運銷資源」的指標性公司：臺北農產運銷股份有限公司。

這是一間官民合股、帶有公用事業屬性的特許行業公司。它受《農產品市場交易法》、《農產品批發市場管理辦法》的制約，形成了一個極爲獨特性、寡占性的半官半民、不官不民的「特許行業公司」。

這家公司掌管大臺北地區近六百萬人，每日生鮮蔬果的需求供應，所管轄的兩個經臺北市政府批准設立的「果菜批發市場」，每天合計胃納了全臺約三分之一蔬菜、四分之一水果的吞吐量。

這間半官方公司，自然不會在兩岸農業交流上缺席。特別是臺灣省農會的角色從「參與」變成「主導」之後，很多「實質面」工作都委由臺北農產運銷公司負責，特別是「水果過產滯銷政策採購」，以及兩岸農業交流的「批發市場定位與營運經驗」這兩大領域上。

從二〇〇八年馬政府上臺之後，對兩岸交流採取稍稍解禁的態度，臺北農產運銷公司也趕在同年五月底，就與「上海市江橋批發市場經營管理有限公司」締結爲姐妹市場。在農產公司期間多次陪同公司管理階層前往上海江橋公司拜會，深切了解中國大陸市場規模不同、生產模式不同，臺北的這套批發市場管理模式，很難對他們產生太多的學習效應。

因此，臺北與上海建立農產品批發市場間的姊妹市場關係，政治意義大於實質意義。沒看清楚這一點，就很難理解臺北農產運銷公司的重要性。

到了二〇一二年之後，由於馬政府對於開放中國大陸蔬果進入臺灣市場遲遲不肯鬆綁，加上中國大陸啟動批發市場改造工程，使得臺北農產運銷公司在兩岸農業交流上的角色，益加吃重；最高記錄一年接待的中國大陸批發市場參訪團，就超過一百團。

二〇一二年二月二十二日清晨，當時的北京市委副書記、北京市長郭金龍，前往民族東路臺北市第二果菜批發市場，參觀所謂的「現代化批發市場經營管理」，算是中共官方到訪的最高層級。

⋯⋯⋯⋯⋯⋯⋯⋯⋯⋯⋯⋯⋯⋯

從兩岸批發市場的經營管理爲出發，作爲兩岸農業交流的一個分支，有其不得不的原因；但是臺北農產運銷公司並未掌握此機緣，扮演起龍頭角色，一如當年的臺灣省農會受中國大陸國臺辦主動邀訪洽商臺灣水果零關稅事宜一樣，實有不足之處。

二〇一〇年底的臺北市長選戰打得火熱，郝龍斌一度陷入花博與新生高架橋改建工程爭議，上海市政府副秘書長尹弘率團低調到訪臺北市政府，除了回訪花博之外，當中一位重量級團員上海市農委副主任嚴勝雄，特地爲了「上海西郊國際農產品交易中心」的案子，銜命來臺與農委會主委陳武雄會談，希望臺北農產運銷公司能夠協助上海西郊，規劃設置「臺灣農產品物流中心」。

爾後，針對此案來臺遊說的還包括上海市臺辦、農業部臺辦等大小層級官員，但臺北農產運銷公司始終沒有答應。

上海西郊國際農產品交易中心位於上海市松山區，由法國人規劃設計，爲了滿足大上海地區三千萬人的農產品交易需求而設立。以臺北農產運銷公司管理兩個臺北市果菜批發市場的規模與經驗，加上官股公司的束縛，根本不足以應付這個任務。

上海西郊市場的臺灣農產品物流中心，最後還是在農業部臺辦副主任李永華居中穿針引線下，交由臺灣省農會承接，再委託高雄縣農會所屬的高雄農業開發公司專責經營。

這個臺灣農產品物流中心雖風風光光開幕，但實際營運卻不如預期；整個業務推廣因爲西郊國際市場的周邊配套一直沒有到位，沒有辦法達到集市效果，最終仍得直接進入上海通路市場，與其他進口商廝殺、搶生意。

有兩次機會親身到過西郊國際市場參觀，一次是在二〇〇八年底，一次是在二〇一四年初；兩次前往除了看到「什麼都大」之外，其實看不到太多的實體運作。加上，上海西郊後來經過股權改組，交由光明集團來經營管理；隨後，上海市政府又把上海蔬菜集團公司改編至光明集團旗下，想要借重蔬菜集團公司的經營管理經驗，把上海西郊撐起來。

而臺北農產運銷公司的上海姊妹市場：江橋公司，就是上海蔬菜集團公司旗下，經營規模最成功的一家子公司。

上海西郊市場，引進世界頂級的法國批發市場硬體規劃，確實也符合中國大陸經濟發展模式的「一步到位」；當中，有許多臺灣不可能實現的營運模式，像是雙車道管理、冷鏈貨櫃分流、全品項農產品批發等，都不是臺灣城市規模所能負荷，相對臺灣的管理經驗能夠讓上海借鏡之處，也十分有限。

兩個規模不相等的批發市場，要進行實質交流與經驗移轉，確實是一件高難度工程。臺灣的批發市場管理模式，仍以日本這樣的小農、地狹人稠的「海島型」經營理念爲主，與中國大陸「大陸型」生產與消費型態，有天壤之別。

⋯⋯⋯⋯⋯⋯⋯⋯⋯⋯

在兩岸農產品貿易開通之後，中共對臺系統曾經想藉由網路的虛擬通路，連結臺灣與中國大陸，最終仍告失敗。

二〇一〇年中國大陸國臺辦與農業部核准了一份「雙紅頭」文件，在江蘇省南通市規劃了一個全品項的產品物流中心，當時的規劃是以電子商務爲基礎，利用網際網路平臺在線上進行商品拍賣，想要藉網際網路無遠弗屆的便利性，達到「物暢其流」。

利用當年出差上海之際，順道前往，見到園區負責人吳敏，搭乘吳董的座車從上海前往南通一個多小時的路程上，吳董信誓旦旦地說他花了近五年的時間，研究全世界各國的農產品拍賣機制，有信心打造完全適合中國市場，也是服務機制最完善的線上拍賣交易平臺。

他已經爲這個線上拍賣平臺預留一個空間，就是要讓臺灣農產品，包含生鮮蔬果，都可以在這個線上拍賣平臺，進行最快速的線上交易，讓全中國的買家可以利用最短時間，找到他所需要的臺灣農產品；反過來說，臺灣有哪些農產品想要賣到中國大陸，也可以把商品放上網路，開放讓人競價銷售，也可確保農民收益不損失。

最後，這個園區有沒有正常上線運作，並沒有再持續關注，因爲要讓生鮮農產品透過線上拍賣方式交易，確實「太過先進」。首先，這必須讓臺灣的每一種蔬菜、水果的生產與包裝標準化，並且都要達到至少工業產品的等級與規範，方能在網路上透過虛擬平臺交易；否則，極易因爲品質與規格認定的不同，造成交易糾紛。

農產品在線上拍賣的理想，必須先完善生鮮農產品在網路虛擬交易平臺的「前、後臺」規劃設置，包括前面說到的產品標準化之外，還得解決運送保鮮的問題、到達客戶手中的客訴與退貨規範等，都不是一件簡單的工程。

關鍵還是在於兩岸之間的生產型態、消費習性不同，想要說服臺灣農民把農產品擺上這個平臺，接受線上競價拍賣的交易模式，就比登天還難。

但不能否認中共對臺系統的用心，以及中國大陸商人的戰略眼光；同樣是批發交易模式，同樣是競價拍賣模式，他們能夠把網路的虛擬平臺整合進來，這樣獨特的構思與創見，就足以讓臺灣農產運銷界汗顏。

⋯⋯⋯⋯⋯⋯⋯⋯⋯⋯⋯⋯⋯⋯⋯⋯⋯⋯⋯⋯

兩岸批發市場間的交流，並沒有因爲臺北、上海間西郊國際市場交流的停滯而停歇。

二〇一三年年底，在某位臺商背景的國民黨要員穿針引線下，中國大陸深圳市海吉星集團表達了與臺北農產運銷公司合作的意願；隔年春天，臺北農產運銷公司高層，率隊前往深圳市海吉星集團公司總部，簽下合作意向書，先從臺灣生鮮蔬果農產品的每日批發價格的「訊息公布」做起，希望建立起一套公開透明的價格參考訊息平臺，提供有意進行臺灣生鮮蔬果進口的中國大陸貿易商，一個買賣臺灣水果的指標。但事後該項合作案，因爲臺北農產運銷公司的官股背景，引發政府相關部門的關切而暫緩。

以生產端而言，臺灣省農會確實作爲兩岸農業的龍頭角色；在中間端的農產品運銷部分，臺北農產運銷公司也當仁不讓，是全臺灣的指標批發市場。

但是，臺北農產運銷公司的半官半民組織特定，加上批發市場在臺灣法令的規範下屬於特許行業，在執行兩岸農業交流的技術往來層面時，必須考量「官方政策」責任，對於「市場導向」的依循，顯有不足。

就批發市場經營管理而言，兩岸間確實有經驗交流的必要，雖然農產品批發市場的規模不同，但就是這種規模的不對稱，雙邊之間方能彼此截長補短，互取所長。

此外，就農產品貿易進出口業務往來部分，臺灣省農會與臺北農產運銷公司則同樣面臨相同的難題，就是無法與民間貿易商的彈性相比較，競爭力相對不足。也因此這十年來的常態性水果進出口貿易，這兩大龍頭是微不足道，但如果遇上了政策性的「過產滯銷」水果採購，兩邊官方單位也都能信任農會與農產公司，委由其辦理。

從兩岸批發市場的交流經驗上，必須體認中國大陸的農產品批發市場早已徹底資本化運作，與臺灣這種偏向社會主義的「國家掌控」管理精神不太相同，因此在進行交流時必須有此體認，否則易成爲牛頭不對馬嘴，也很難從這樣的交流中發展出有利於臺灣農產品在中國大陸市場銷售的一個契機。

下個階段的兩岸農業交流，如果龍頭公司臺北農產運銷公司，仍只是繼續扮演忠實執行政府政策採購委辦單位的單一角色，而不積極構思在臺灣加入「TPP」、「區域全面經濟夥伴協定」（Regional Comprehensive Economic Partnership，簡稱爲 RCEP）後可能面臨農產品市場開放的種種挑戰，缺乏兩岸農業交流大格局下的戰略觀，只是臺北市兩個果菜批發市場的「管理者」，以及中國大陸農業參訪團必走臺北的「參觀景點」的話，實是有辱其身爲批發市場龍頭的地位！

3. 過度生產、過度消費！

不管國家級的大貿易公司，或是建立指標性的農產品批發市場，都圍繞在一個核心：一國農業政策指導下，面對農產品自足率的國安層面考量，哪些農產品可以出口導向？哪些必須進口替代？進一步深入探討，當面臨海外市場萎縮，或國內市場需求變化時，生產供給面的調整與調節方案又是什麼？這期間除了高層次的農糧自足率之外，更多的是民眾日常生活所要面對的市場供需法則。

根據農委會的官方統計資料顯示，若依照熱量計算，國內糧食自給率爲百分之三十三點三，其中稻米雖可完全自給自足，但因飲食西化，麵食、麵包消費量提升，臺灣平均一年要吃掉一百三十萬公噸小麥，但本土產量僅四百公噸，自給率不到百分之零點一，低到農委會的年報直接省略。也就是說，糧食安全的問題，並沒有獲得政府的特別重視；農委會希望二〇二〇年提升到百分之四十的自足率，目標顯難達成。

臺灣從上個世紀接受美援的時代開始，就大量依賴美國進口糧食作物，美國同時把化肥與農藥生產技術移植到臺灣，更進一步透過速食體系的入侵，改變臺灣的飲食習慣，降低對米食的飲食習慣，改以西式麵粉類製品爲主。

小麥僅供人使用，大豆、玉米除了供給上游食品工廠，同時還是畜牧業的飼料原物料；對美國農業州而言，臺灣絕對是他們最重要的海外市場。大豆爲沙拉油原料，玉米則是畜牧業的飼料主力，因此不論是民眾食用，或是畜牧業及食品加工業的原物料使用，臺灣就算把休耕地轉作這些糧食作物，也無法和美國托拉斯農業公司競爭。

這是臺灣農業生產現況的悲哀，破碎狀農地的生產模式，加上勞動力老化導致生產成本過高，雖有苗栗、臺中海線一帶推廣種植小麥，須透過特定通路的收購滿足小眾市場需求，解決其末端銷售問題，否則毫無市場價格競爭力，也無濟於整個市場需求的塡補。

臺灣與美國貿易談判，農業問題一定是會議討論的主題，也往往與加入區域經濟組織掛鉤；在美國農業大州的眾議員遊說壓力下，臺灣很難擺脫仰賴美國糧食作物這樣的依存關係。對美國進口糧食作物益發依賴，國內稻米生產需求下降，已成國安危機。

這當中衍生出另一個兩岸農業交流議題：臺灣畜牧界一直希望擺脫美方市場獨占，改向中國大陸購買糧食作物進口替代。

每當國際穀物期貨價格飆漲，臺灣畜牧業畜養成本墊高，產業界內就有聲浪要求進口中國大陸的飼料用玉米替代。農委會也經常出面協調經濟部國貿局，以專案方式開放中國大陸的飼料用糧食作物進口。過去在立法院擔任助理工作期間，就經常接獲養豬團體的陳情，希望民進黨政府專案進口中國大陸的飼料用玉米，但闖關不易，最後均不了了之。

二〇〇八年春夏之際，在養豬界朋友的帶隊之下，隨團前往廈門、北京，向中國大陸「中字輩」公司，提出採購飼料用玉米的需求；當時業界看好國民黨政府即將上臺，可能會採取對中國大陸更開放的措施；不料幾家公司拜會之後都得到相同的答案：玉米這樣的農產品對中國大陸而言屬於「戰略物資」考量，中共國務院當務之急是救援北韓，能否出口臺灣，得須國務院層級審批。

爾後，確實有爭取專案緊急進口，但這種情況和水果緊急採購的概念相同，只要市場一有風聲要從中國大陸進口飼料用玉米，不用等到散裝穀物輪到港，手中握有美方進口雜糧配額的大貿易商，就會自動調降玉米市場價格。中國大陸與臺灣在糧食作物上有極大的供需互補性，地理位置又佔優勢，但取代美國改用中國大陸飼料級糧食作物的這個議題，從來不曾搬到檯面上討論，更不符合政治正確。

臺灣任何一個政黨執政，都不可能在糧食作物進口上得罪美國，也不可能以進口中國大陸糧食作物爲槓桿，從美、中兩大國利益矛盾中創造出什麼有利我方農業條件的空間。由此觀之，臺灣與中國大陸在兩岸農業交流框架內，單純就臺灣水果出口中國大陸，美方當然不會插手干預；但如果進一步談到「開放臺灣市場讓中國大陸的蘋果進口」，這時候老美不跳出來阻撓都很難。

因此，兩岸農業交流過程中，除了臺灣水果出口之外，其他農業領域的實質往來，很難大步向前，就是因爲當中每一個農業產業、項目背後，都其有特殊複雜的因素使然。說穿了，臺灣所欠缺的糧食作物，根本無力自給自足，向外進口受制國際強權；反過來，政府以照顧農民爲由，將生產自足率不足以高到可供給廣大出口市場需求的臺灣水果，卻一窩蜂地鼓勵大家往中國大陸市場銷售。

如果沒有從這樣的上層結構解讀，恐怕很難正確評價臺灣水果外銷中國大陸，放在兩岸農業交流框架之內，到底是非對錯何在。但至少有一點是確定的，因爲臺灣水果的外銷勢頭向上，間接導致臺灣市場末端市場價格居高不下，這是不爭的事實。

爲何臺灣農糧自足率偏低，卻又經常出現農產品生產過剩，何以致此？到農村走訪，仔細觀察一定會看出「農地使用」是其原因！經常登上媒體版面的宜蘭豪華農舍不說，各地農業休耕地情況嚴峻，這個問題背後凸顯的不僅僅是農村人口受社會高齡化、少子化、外移化的波及，更隱藏著農地利用在臺灣缺乏完善國土規劃下成爲犧牲品的問題。不從這樣的高度思考，也無法理解並解決，前面所舉的宜蘭豪華農舍的氾濫問題，更遑論進一步深究農產品自足與農地利用之間的關係。

臺灣面對只有百分之三十三左右的農產品自足率，尚需大量仰賴進口農產品塡補的市場需求，卻還經常發生「生產過剩導致價格崩盤」的新聞。農民盲目種植，並沒有因爲進入二十一世紀資訊化時代而有所好轉，反而因爲資訊爆炸與氾濫，讓此等情況更加惡化。

農村勞動力結構老化，是過度生產的根本原因。年輕農民懂得運用資訊，了解農產品在市場行情的變化，避免搶種遇上過度生產週期；反觀老農資訊化程度不足，面對市場行情波動訊息來源不足，敏感性也相對較低，每逢農產品過度生產週期到來之前，仍持續搶種。就此分析，最該負責的就是相關農政單位，沒有負起田野調查與生長調配的上位工作。

最明顯也最常發生的例子，就是高麗菜價格一夕間崩盤，讓高麗菜呈現以「崩盤—平盤—高漲」的輪迴，週而復始的出現。其原因相當複雜，站在農民立場生產過剩價格崩盤，一顆高麗菜三元沒人要，欲哭無淚；對消費者而言，似乎又沒搶到太多便宜，即使量販超市也難買到這種廉價的高麗菜；情況顚倒過來，如果高麗菜受颱風豪雨影響，農損嚴重一顆賣到兩百元也有人搶。這種異常幾乎要成爲常態，難道一點辦法都沒有？

高麗菜已經連續好幾年出現價格暴起暴跌。每一年的情況都相同：夏秋兩季沒有風災、水災危害，產地供給面成向上曲線，終於在每年春節過後需求量瞬間萎縮之後，價格也就順勢暴跌。農委會、農糧署等農政單位的不作爲，完全缺乏預警機制，也要負起一定的責任。

如果問題原因可以歸納如上所述，爲何不見農政單位出面「干預」？負責生產調節的農糧署，他們的標準答案就是每逢農作物生產過剩，過去最常用的解決方案就是「田間耕鋤」；如果成效不彰，再啟動農安專案，希望都會區民眾多消費，同時也鼓勵大企業認購，以減低產地出貨的壓力。

過去針對高麗菜部分，農委會以高麗菜田每分地爲計算單位，賠償農民損失；但潛規則是，只要農民播種栽種，政府出面耕鋤，就是一門「穩賺不賠」的生意——每分高麗菜耕作成本，冬季栽作每分地約一萬兩千元，春季栽作成本略高；農委會田間耕鋤補助往往超過上述數字，樂得不少假農民以耕作高麗菜等候補助爲職業。

現在狀況稍有改變，除非各種手段都無法讓高麗菜價格回穩，否則政府也不敢輕易執行田間耕鋤政策，以免「助紂爲虐」。也因爲連續兩年政府完全不實施田間耕鋤，產地每分地高麗菜只剩下四千元不到，變成只要有人出價農民就賣的悲慘情況。

……………………………………………

二〇一四年春天，與今年同樣都發生高麗菜價格崩盤。雖有臺灣貿易商早將高麗菜外銷中國大陸北京市場，但北京對於臺灣品種高麗菜的口感接受度不高，打不進餐廳消費，銷售量衝不出來，根本緩不濟急。

高麗菜每年出現的產銷失衡，與地方派系掌控農會也有一定的關係；過去負責田間調查的基層農會與鄉鎮公所，因爲鄉鎮公所職能轉變，加上公權力指揮不動基層農會，整個田間調查工作形同虛設。

生產過剩是所有農產品價格崩盤的結構性原因，如果農委會不對症下藥，針對大宗菜強制劃定生產專區——所謂的大宗菜指的是高麗菜、蘿蔔、馬鈴薯、洋蔥、大白菜這一類市場使用量大、生長期相對較長的蔬菜——取代田間調查，調控生產，問題根本無解。

因爲大宗菜相對儲放保鮮期較長，可由政府出面主導，一手在產地規劃設置專業的冷藏設施，出租給農民；另一手強化出口，輔導出口商開拓中東、北美、東歐等海外市場的促銷活動。其配套措施就是只要拿到訂單，就以契約耕作模式劃定外銷出口生產專區執行之，嚴格控管生產專區的面積。

農政官員恐怕還忽略了，每年五月底宜蘭一帶的高冷地高麗菜開始盛產，而平地高麗菜如果沒有遭遇天候因素干擾，產期要到六月份才結束；這中間一個多月的重疊期，高麗菜眞正的巨大產量還沒有到來。去年已經如此，今年二〇一五年的狀況剛好顚倒過來，林務局開始執行大面積的收回國有林班地計畫，使得臺中梨山地區的高冷地蔬菜種植面積大幅縮小，今年夏末秋初「平地與高冷地」的第二個重疊期，先是遇上蘇迪勒颱風攪局，後又出現少見的「十月颱」杜鵑，使得平地高麗菜來不及長大、高冷地蔬菜已近尾聲、加上冷藏庫存數量不足（進口商沒有預期會在九月、十月連著出現兩個颱風，而不敢辦理進口），高麗菜的價格就硬生生地每顆破二百元。

從高麗菜價格每年幾乎都會出現的暴起暴跌現象得知，針對「大宗用量農產品」，進行「有計畫性的生產調節」極爲重要，方能避免生產者與消費者的雙輸。

把過度生產放進兩岸農業交流的場域，顯而易見的是因爲有緊急採購作爲催化劑，臺灣水果生產過剩的議題因此被炒熱，兩岸農業交流也不致乏善可陳；但緊急採購顯然操之過當，讓臺灣農產品在中國大陸市場的競爭力大幅下降——柳丁的案例再清楚不過：沒有緊急採購，柳丁產業會提前陣亡；啟動了柳丁政策採購，在中國大陸市場銷售管道也提早報銷。

正本清源，最重要的是如何避免再發生水果、蔬菜的生產過剩。問題是，每次出現農產品價格暴起暴跌的總是那固定幾個品項，難道農委會官員都無法可管嗎？

沒有過度生產，就不會有緊急採購與政策採購；沒有選舉考量對農民統戰，也不需有緊急採購。過度生產、緊急採購兩相結合，對農民的統戰操作方有意義。這就是以政治主導經濟思維，以政治手段面對農產品生產過剩的解決之道。讓臺灣農政官員因這個結構的出現而墮落，他們不思考從源頭的生產結構調整，只巴望著每次生產過剩時，看看中國大陸是否會啟動緊急採購。

既然生產過剩的農產品是固定幾個品項，就應該從源頭控管種苗、生產面積；同時，積極協助農民打開外銷市場。以水果爲例，政府部門如果眞的想要爲農民作出貢獻，爲何不整合農民、農地，選定有海外市場競爭性的產品，規劃出口契作生產專區；目前的狀況是放任農民、出口商競相搶貨，競相在海外市場價格戰，但同時卻又希望中國大陸出手相救。結果，臺灣水果的品質與名聲被搞壞，一再地要把生產過剩的產品強塞給中國大陸買家，就是自尋死路。

如果政府面對生產過剩拿不出有效的解決方案，那就徹底放手，讓農民、農企業、出口貿易商、國外買家，讓市場機制自行運作出一套遊戲規則，市場會回過頭來啟動臺灣農業產業的改變，以及規模的擴張。

面對生產過剩，要不從頭管到尾，徹底保護農民；要不就完全放手讓市場機制運作，尊重消費者選擇。如果市場機制運作順暢，生產過剩找到了海外銷售管道，反過來要求供給面「過度生產」——這種「好的過度生產」，相信農民一定都求之不得——這一天到來的時候，也就是解決農產品生產過剩問題的時候了！

⋯⋯⋯⋯⋯⋯⋯⋯⋯

過度生產的另一面就是過度消費。受到生產結構的轉變，民眾消費力的提升，加上媒體經常轟炸式地報導美食、餐廳、小吃，美食部落格也成為新的傳播型態，使得消費型態出現重大轉變；也因為這個轉變，使得飲食從「圖溫飽」演化為精緻化的「美食享受」；這當中需要繁瑣的食物生產加工流程，但更多的是大量生產下必須透過強力的廣告宣傳，刺激消費者不斷掏錢消費。

連結生產者與消費者之間的「通路」，也因為通路型態的改變讓過度消費成為可能，大量生產也不用擔心沒處可銷，生鮮農產品的過度消費尤為明顯！尤其大型量販店的出現，讓一次性購足成為可能，但也讓過度消費無處不在。

傳統市場，論斤秤兩計價蔬菜、水果、生鮮魚肉、海鮮，消費主力家庭主婦依據當天的餐桌需求，決定購買多少食材；年輕的消費族群，則選擇到大型量販店，但以「箱、盒、綑、包、打」為計算單位陳列的雞鴨魚肉、生鮮蔬果，無法零散購買，如果你是三口小家庭，看到大包裝農產品衝動購買的後果，就是把食材冷凍在冰箱；看似要等著慢慢消化它，但很多食材就這樣冰存過期。

產銷通路多元化，導致過度消費；而過度消費又營造出「消費熱潮」的假象，反過來促使通路膨脹、採購數量大增，形成一個循環鏈。以生鮮蔬果為例，賣不完的蔬菜、水果，通路商折價再折價促銷，還是賣不掉，只要沒有腐爛之前都可能變身為果汁，總之沒有人會做賠錢生意，不到腐爛的最後一刻，絕對不會把生鮮產品當垃圾倒掉處理。

以大臺北地區，幾乎超過四百家的「二十四小時水果量販店」，大多數的水果貨源每天自產地直送各式的當令水果，活絡了消費市場，也讓產地一窩蜂地搶種各式各樣臺北人愛吃的水果；從香蕉、鳳梨、芭樂、瓜類，到蓮霧、芒果、草莓、水梨等。當然，單有臺灣水果還不夠，進口水果從日本、美國的蘋果，智利、紐西蘭的櫻桃，到全年度都有的奇異果，這些都是水果量販店不會少的商品。

這是過度消費的標準型態，造成了水果生產者對於品質控管的自我要求下降；因為這種水果量販店販售型態多數自產地直銷，透過產地中盤商向農民田間採購而來，缺乏分級包裝的管理，對農民生產者而言，他們會很清楚：這一批是種給臺北的三家果菜批發市場、另一批又是種給出口貿易商的，剩下的就是交給產地大盤商散裝裸賣。

就有中國大陸的水果通路商，看到了臺灣這種特殊的消費型態，因此認定臺灣水果不僅樣式豐富，消費熱絡，價格也都十分低廉；這固然是臺灣特色，作為水果王國的美譽，這不是溢美之詞。但是藉由這種過度消費型態下認識臺灣水果，絕對是失真的；臺灣水果的優勢在精緻化，對中國大陸及其他海外市場銷售必須採取差異化，而不是這種量販式銷售，且沒有經過一套完善分級包裝處理的模式。

鳳梨就是明顯的例子。生產曲線向上走揚，來自於中國大陸觀光客購買伴手禮，鳳梨酥成爲首選之後的必然結果；幾年下來鳳梨生產面積大幅擴增，除了傳統的山坡地之外，連台糖土地也都簽訂契約給農民種鳳梨；往南到了嘉義、臺南、高雄、屏東，幾乎鳳梨田占去大片農地。這股勢頭還沒到頂，二〇一二年南海問題浮上檯面，黃岩島事件引爆中、菲關係緊張，隔年中國大陸海關以「非關稅貿易障礙」，把菲律賓產的鳳梨一下子封鎖；臺灣因爲鳳梨酥產業廣種的鳳梨，此時剛好接替菲律賓鳳梨的缺口，順利進入中國大陸市場。

但是，出口到中國大陸的鳳梨，並沒有採取「正規部隊」的作法；貿易商直接到產地向大盤商批貨，產地盤商在向農民採購鳳梨的時候，就已經清楚明訂「鳳梨要呈現什麼顏色、一顆要多重」，完全不考慮這個鳳梨的口感、後熟控制以及鳳梨含水多寡，就是便宜就好。甚至連正規軍來採購的時候，他們雖然很清楚臺灣的哪個月份，應該購買哪個產區的鳳梨，但是經過產地盤商「跨區域整合收購」這麼一攪亂之後，加上非正規貿易商的低價搶購，使得每個貿易商在做鳳梨出口中國大陸的生意，到最後根本就不考慮「產地證明」。因爲，每個出口商都把不是當令生產的乙地鳳梨，硬說成是甲地產的當令鳳梨。

這種欺騙行爲——雖然都是臺灣鳳梨，但屏東在每年的三到五月最爲盛產，嘉義要過了清明節之後才有採收，端午節後鳳梨就不適合出口外銷——一如在臺灣路邊，大家都要打著「臺南關廟鳳梨」，事實上鳳梨早已不只關廟一地盛產一般，打著臺灣產地水果卻不是眞的那

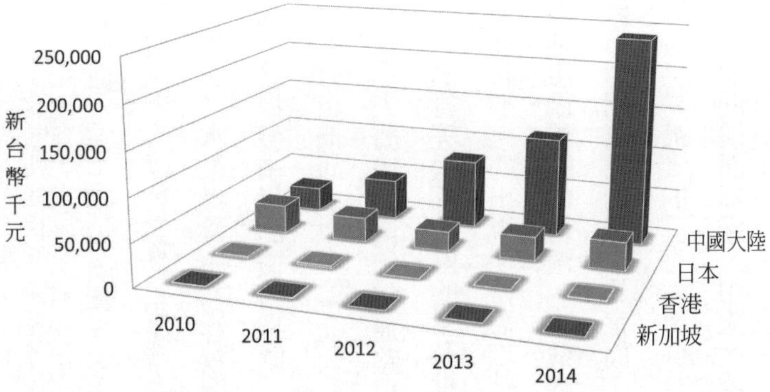

	2010	2011	2012	2013	2014
■新加坡	827	917	287	582	128
■香港	2,134	3,028	352	448	995
■日本	33,055	28,538	22,824	27,868	33,150
■中國大陸	27,635	47,003	80,041	116,069	241,281

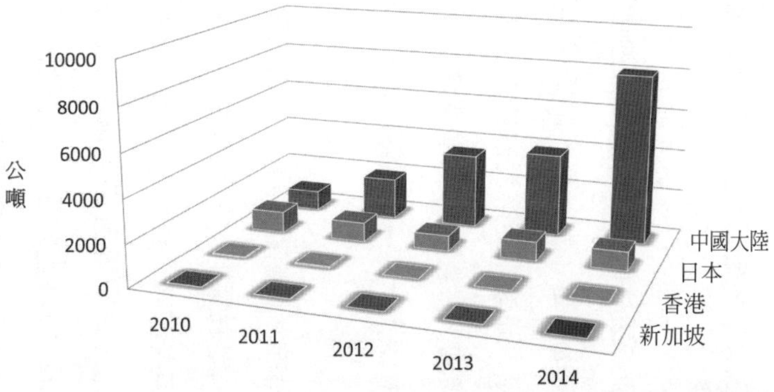

	2010	2011	2012	2013	2014
■新加坡	20.86	20.114	6	18.5	2.701
■香港	57.028	75.043	8.412	3.983	11.774
■日本	1002.07	908.365	734.01	899.905	907.264
■中國大陸	929.62	1951.525	3523.761	3912.41	8060.532

臺灣近五年鳳梨出口重要國家統計圖表*

*資料來源：財政部關務署統計資料庫 https://portal.sw.nat.gov.tw/APGA/GA03

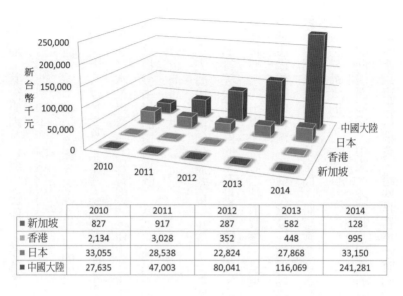

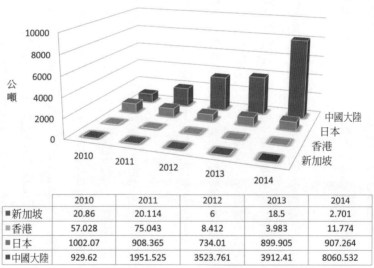

個產地。其後原因，仍與生產端的生產過度，以及消費端的消費過度，有一定的關係。

這樣的型態不僅滲透到出口中國大陸市場的思維中，也輻射到來臺旅遊的中國大陸觀光客層面。在中國大陸觀光客經常出現的特定精品店、餐飲店周邊，也大量出現「臺灣水果專賣店」。這些專賣給中國大陸觀光客的水果店，一如特定餐廳一樣，在地消費者是不會前往。這些水果專賣店其經營型態，與上述水果量販店相同的是其採購來源，從產地水果盤商以低於批發市場的價格採購。當然，他們會在店內標示「燕巢芭樂」，但誰也不能保證是否眞的來自高雄燕巢。

過去農民因爲銷售通路單一化，透過農會或果菜運銷合作社，把農產品送往臺北、臺中、高雄等大都會區的果菜批發市場販售。如今，農產品通路多元化，民眾消費習慣改變，消費新型態的出現使得需求結構改變，呈現一個「社會集體性消費過度」的趨勢，連帶促使產地生產暢旺的情況，也令人擔憂。這個結構運作得當，產、銷、消三方三贏；稍有不愼，像是中間商錯判需求眞實面，將導致生產端的過剩，中間通路商必定將風險轉嫁回生產者，農民仍是最大的受害者。

如同前面提過，中國大陸因政治因素對臺灣鳳梨進口大開綠燈，或是中國大陸觀光客前往臺灣水果專賣店消費，這些是否爲一時的消費需求假象，都有待進一步的時間來證明。

在兩岸農業交流下臺灣水果外銷中國大陸市場，已將農產品進出口的上層結構撐住，如今生產與消費的過度化又徹底改變底層的供需關係，回歸兩岸農業交流場域，只剩下「何時開放中國大陸農產品改負面表列進口」這一工作尚未完成。

到了開放的那一天，中國大陸農產品對臺灣消費市場帶來什麼樣的改變與衝擊，現在言之過早；但有一點可以確認的就是，消費市場大宗使用的農產品——以餐飲等「營業用」的蔬果類農產品爲例，像是洋蔥、馬鈴薯這一類臺灣產能不足的——當有其他多元的採購選擇時候，市場價格一定會更趨平穩。

當供給面在量體、品質、價格都呈現一個常態的時候，消費者心理將不再面對一個供給不平衡的恐慌，也不容易被媒體煽動炒作。唯有當農產品價格可以維持一個合理的平穩狀態，才會改變臺灣當前這種過度消費、過度生產的畸形結構——而這也是兩岸農產品走向接下來進一步開放之後，所能帶來的最大效益與意義。

4. 安全與認證

過度消費讓生產者不按規範生產，導致生產品質控管不嚴，甚是生產過剩，這些都是「黑心食品」的結構性因素之一；但是，食品安全問題的根源，仍要回歸「農產品生產的安全控管」這一點，在兩岸農業交流過程中，對於蔬果農產品的農藥殘留檢驗，或是肉品的藥物殘留安全控管，兩岸相關檢驗專家，都已進行充分的溝通與交流。

臺灣方面，主要的成就在於「農藥殘留快速檢驗法」，只可惜這個由官方機構研發的技術，現已透過技轉機制移轉民間廠商，負責開拓中國大陸的市場。未來，就看這家得標廠商能否如他所說的，達到其所定下的年度銷售目標。民間業者分享政府的技術專利，也是當前的一個趨勢，但如果這個技術是中國大陸主動想要爭取，甚至主動表達有市場拓展機會的時候，如何確保技術不外流，但是市場又能成功打開，這一點顯然農委會沒有認眞思考，輿論與國會也沒有在第一時間嚴格把關，監督此技術移轉的合宜性。

針對蔬果研發的農藥殘留快速檢驗，畢竟是食品安全把關的最後一道關卡，也只是針對生鮮蔬果這一領域；其他農產品就不能採取此法，且農作生產期間的安全用藥管理，以及生產質量管理，才是全方面確保食品安全的重要關鍵。

源頭管理成爲從農產品安全把關的最重要手段，從田間到餐桌，民眾如何食得安心，在生鮮農產品的安全把關，臺灣的權責單位是行政院農委會。但實際上，官方到底做了哪些努力，爲何採行的措施仍造成食安漏洞不斷，甚至食品界大老還跳出來指謫，政府把關不嚴謹，還有一大堆的食安未爆彈？最諷刺的，莫過於臺灣媒體與民眾，先前還消遣中國大陸黑心地溝油、三聚氰胺毒奶粉、毒水餃等等重大食安風暴，但沒一會兒光景，臺灣方面連環爆更是嚴重，重創臺灣美食王國形象不說，也凸顯兩岸間農業交流議題在廣度與深度的不足。

依據農委會官方網站的解釋，目前在國際上被強調的農產品管制制度，主要有「良好農業規範」（Good Agriculture Practice，簡稱爲GAP）的實施及驗證，以及建立「履歷追溯體系」（Traceability，食品產銷所有流程可追溯、追蹤制度）兩種作法；前者旨在降低生產過程及產品之風險（包括食品安全、農業環境永續、從業人員健康等風險），後者目的除在賦予產銷流程中所有參與者明確責任，尚可在食品安全事件發生時，快速釐清責任並及時從市場中移除問題產品，降低該等事件對消費者的危害，也避免因爲消費者的不安造成符合規範的生產者蒙受損失。由此可見，履歷追溯體系對於食品安全的控管，有快速釐清責任的功能，因爲從田間到餐桌前的每個生產、銷售、通路等環節，全都得登錄列管。

官方名載資訊如此詳細，但農委會卻以「農民配合意願偏低」，加上實施履歷追溯體系的經費龐大又曠日廢時爲由，導致執行率偏低。但眞正的原因是，農委會早期爲推動農民安全使用農藥，將「GAP」化身成爲「吉園圃標章」，強調此「安全蔬果標章制度」是爲輔導農民正確使用農藥，建立責任生產觀念，提供消費者安全衛生的優質國產蔬果。

同樣在農委會的官方網站上，對於吉園圃標章強調了兩個特點：第一，代表生產者符合安全用藥規範；第二，標章具有追溯性。可是實際情況卻是，吉園圃淪爲「紙上申請認證流程作業」，農民在農民團體的輔導下，確實有不少人申請此標章；但問題是申請核准之後，誰來進行複查、抽檢？更不要說市場上還一度盛行僞造的吉園圃標章，而所謂的追溯性因爲只有到達「農民所屬的農民組織」，仍無法經由條碼登錄確知是哪一位農民所耕作，迫使農委會農糧署又於二〇一四年初強推「產地 QR Code」以補齊不足。

問題是，農委會的政策很清楚地寫在官方網站上：「農產品產銷履歷制度＝臺灣良好農業規範實施及驗證（TGAP）＋履歷追溯體系（Traceability）」；也就是說，農委會確實有擬訂與國際接軌的「農產品產銷履歷制度」，但是這是在民進黨蘇嘉全擔任主委時，大力推動的政策，主要是爲了方便生鮮蔬果外銷，一次性解決產地來源、農藥管理等田間管理的認證登錄，有利向國際組織申請進一步的認證。農委會也確實輔導了二十多家民間基金會，擔任農產品產銷履歷的核發認證單位，但是國民黨二〇〇八年重新執政，又走回大力推廣「吉園圃標章」的老路。

生鮮蔬果的認證紊亂不說，其他水產、畜產以及食品加工品的安全標章，也都有同樣的問題。二〇一四年全臺陷入食安恐慌之際，各式形形色色標章貼滿食物、食品外包裝，但沒有一個標章可以給消費大眾保證。當政府核心的食安標章公信力被摧毀，民眾將很難再信任政府的任何作爲與承諾。

這一點，如果放在兩岸農業交流的大框架，會有很負面的效應。因爲，政府再怎麼掛保證會嚴格把關從中國大陸進口的農產品，也都不會有人相信；臺灣多數民眾誤解中國大陸農產品的用藥不安全，又不信任政府的把關檢驗，對於日後若要推動兩岸常態性農產品往來是十分不利的。

食品安全機制牽扯到農民生產，以及農產品的再加工，它有田間管理端，以及工廠管理端兩個層面。前者依據國際規範，產銷履歷才是接軌國際，政府應從善如流廢止吉園圃標章，全力推動生鮮農產品的產銷履歷。而食品加工部分，則有賴ISO（國際標準化組織）、**HACCP**（危害分析重要管制點）的標準化生產流程，對食安進行嚴格的把關。

再回過頭檢視農作生產的農藥氾濫使用，或是畜牧業的藥物非法使用、水產養殖業的抗生素濫用等，不僅對人體健康造成危害，也對環境產生永久性傷害。這些都已經不是新聞，現在消費者意識抬頭，尤其對於生鮮食材的安全性要求，更是不斷向上提升。因此，無毒、有機農產品應運而生；問題是，臺灣的農業生產條件，到底有沒有辦法生產出那麼大規模的無毒、有機農產品供應市場通路銷售呢？

先從無毒農產品談起。這是花蓮縣政府力推的農業政策，不標榜高標準的「有機認證」，而是藉由花東地區天然屏障形成相對低汙染的生產環境，力推所謂的「無毒農產品標章」，當中最成功的就是花蓮縣壽豐鄉農會。經過該農會總幹事曾淑懿多年的耕耘努力，不僅在幾年前獲得臺北晶華酒店集團的指名採購，也帶動周邊相關產業的發展，確實是臺灣之光。

但是市場通路是現實的。這樣的供銷體系並沒有辦法普及化，也因爲生產模式與產能關係，無毒農產品價格高於市場行情，也只能鎖定特殊族群採取「會員制繳交年費」的銷售模式，整體經營十分艱辛，可以說是對理念的一種堅持。

無毒農業相對偏向「友善大地」，與日本大力推動的自然農法（MOA）精神更爲貼近。但有機農產品在臺灣，卻又是另一回事了！而有機農產品會浮上檯面成爲政治議題，就要從新北市長朱立倫大力推動「中小學童每週一次有機營養午餐」說起。

這是個在宣傳上十分成功的議題。尤其在民眾對食的安全越來越重視，加上少子化，每個家長都把自己子女捧在掌心呵護的情況下，新北市政府在試辦一年之後於二〇一三年全面推動，確實讓外界感受到朱市長的遠見與魄力。姑且不論二〇一四年朱立倫連任的票數並不好看，是否和民眾滿意度有無正向關聯，但這項每週一次有機營養午餐立刻獲得新科臺北市長柯文哲的跟進，可見「有機」這兩個字的魅力有多大。

在深究這個議題之前，有個現象必須先點出，那就是外界對有機農產品一直有「美麗的誤會」，以爲只是「生產過程中不使用農藥」就是有機；更深入一點的消費者會提出「有機就是無農藥、使用有機肥」；當然，更多人把有機農產品窄化爲「無農藥殘留」如此而已！營養午餐使用有機蔬果是「新聞議題」，必須與有機農業的「政策執行」，分開思考。

嚴格說，新北市政府的「有機營養午餐」新聞操作是絕對成功的，但如果深入到田間市場，深究有機農業執行面，去問問農民、盤商、市場小販，沒有一個人會相信「臺灣哪裡來那麼多的有機蔬菜和水果！」或許，這些人沒有站在政策高度，所以不清楚整體面貌所產生的偏見；對此，舉出幾個實例，來檢視臺灣有機蔬果的申請認證，到底有多困難。

二〇一一年日本三一一大地震後，香港政府很快封鎖日本的生鮮蔬果進入；因爲這個空檔的出現，當時在臺北農產運銷公司接到了臺灣水果銷往香港訂單，多次前往香港考察其市場通路的銷售模式。幾次深入考察之後發現，香港的五大生鮮超市通路，都有「品牌頂級化」以區隔市場，於是回到臺灣後，透過農民團體找到了位於嘉義太保與水上交界的一位種植「有機哈密瓜」的農民。

接著，驅車前往拜會，從水上交流道往嘉義市區方向，繞過外環道路來到一處田間產業道路，不到一分地的哈密瓜田，網室內的哈密瓜準備採收，但是果形不夠大，甜度也無法和坊間相比；重點是，因爲當地水質含砷量太高，所以還在「有機認證轉型期」的觀察階段。關鍵是這樣的有機哈密瓜到香港試賣，因爲成本實在太過昂貴，幾乎比當初香港市場販售的日本「北海道夕張哈密瓜」都要貴上一倍，這筆生意也就沒談成。

有機農產品必須經由特殊通路販售，這是宿命；有機農產品也勢必是小眾市場，也無法推翻。但是，有機耕作難道無法克服天然環境的限制，達到量產規模嗎？

二〇一三年入夏，獨自前往嘉義海邊的鰲鼓溼地，拜訪一位馬鈴薯產地的大戶。沒想到，他已轉行不從事馬鈴薯耕作、收購，一個人跑到台糖土地所在的鰲鼓溼地，種植有機高麗菜、花椰菜。

到訪當日下午已近三點，從高鐵站驅車往西到達鰲鼓溼地時，整片木麻黃隔離著海岸線，大約有一百公尺的縱深；從鰲鼓濕地保育區入口處到達他向台糖承租的有機農地，大約又是十分鐘車程。簡單說，這裡因爲地理位置的關係「鳥不拉屎、雞不生蛋」——此處上空，又是國軍戰機的訓練空域，從下午四點一直到約五點，戰鬥機呼嘯而過的「噪音」沒有停過——這名陳姓農民很得意地說，戰機天天在這上空飛，鳥還敢靠過來嗎！

但是，這名經驗老道的農民說，蟲害才是最可怕的！他解釋，臺灣每年五到九月，氣候高溫炎熱，像他這樣不搭網室的大規模耕作，又不灑農藥只靠生物防治法，最後就是菜被蟲吃光光。到訪時是他種植的高麗菜最後一收，確實每顆都有明顯的蟲咬痕跡；當然，根莖類的胡蘿蔔、馬鈴薯的情況稍好，但是土壤有土壤的蟲害要防治，同樣不輕鬆。

這樣辛苦的耕作，除了賣給台糖之外，還有多餘產能可以供給有機通路市場嗎？答案是否定的。他說，台糖土地已經是得天獨厚了，因爲多年休耕，土壤檢驗一定沒問題，只要水質通過檢驗，幾乎三年內就可以取得有機認證。問題是，有多少人願意投入這麼大的心力，去從事一個效益回收很慢的農作呢？

最後一個親身經歷，是臺灣最大的連鎖超市力推「認證生鮮蔬果」，找到了彰化二林同樣是租用台糖土地，默默返鄉耕作的黃姓農民，願意與這家連鎖超市合作，承租了超過百甲的土地，嘗試從胡蘿蔔等根莖類作物開始，朝著有機認證的方向努力。

帶著日本客人前往參觀的時候，他對於市場上開始接受有機蔬果表示感動，但也同樣擔心魚目混珠、劣幣驅良幣的情況。爲什麼會有這樣的擔心呢？這就要從有機農產品的認證體系說起。

與產銷履歷相同的是，農委會不再扮演仲裁者，而是以輔導機關的名義，對有能力執行認證的機構，不論是學術單位或民間社團法人組織，進行審核把關；一旦通過之後，這些機構就取得認證發放權。問題就出在，如果這些機構不自律，或是農民有心要隱瞞，他們根本沒有能力，更欠缺公權力對不肖生產者制裁和處罰；更不要說，在產地經常聽到「認證單位以賣有機標章爲營利手段，一張兩塊錢」的傳聞了。

標章「商品化」還是小事，當前臺灣有機農產品認證體系的大問題是「生產、認證、通路」集中在同一個事業體身上，或是同一個老闆身上。用常識判斷，自己生產的農產品，交給自己人認證之後，再轉到自己的通路販售，這不會有弊端嗎？雖然，農政單位迄今只發現小規模的「違規」事件，但這種球員兼裁判的遊戲規則，消費者要如何確認自己買到的有機生鮮蔬果，是眞的有機呢？

…………………………

有機農產品與兩岸農業交流的距離沒有那麼的近，但在這十年當中確實有中國大陸參訪團專門到臺灣考察有機蔬果的生產、銷售，雖沒有達成進一步的兩岸合作，但如果臺灣自身再不檢討產銷履歷、有機農產品的認證體系，在中國大陸強力推動「綠色食品」標章之際，如果哪一天達到了國際認可的標準與普及化程度，臺灣農產品又將如何在中國大陸切出一塊特殊的市場通路呢？

這或許有些杞人憂天，但民以食爲天，食品安全絕對是這個世紀對行政體系的最大挑戰課題之一。臺灣面對層出不窮的食安問題，要如何從農業生產面著手，規劃一套屬於我們臺灣兩千三百萬人可以接受的食品安全高、低標準，又要如何打造臺灣特有的生鮮蔬果、漁畜產品的海外市場競爭力，這些都有賴源頭管理者：不論是農委會或衛福部或經濟部，在制定嚴格把關的法令規章之前，可能得多到田間地頭走走，深入了解農民的耕作模式與田間管理，方能兼顧生產者的現實面，也不會罔顧消費者的安全保障。

達不到的過高標準，只是滿足了極少數的高端消費族群的炫富，無利於普羅大眾建立正確的飲食消費習性。生產者，不論農民與加工業者，政府也不能單以道德勸說爲手段，而忽略公權力可以行使的場域。食品安全與認證問題，只要兩岸農業交流持續推進，一定會成爲彼此角力與倡議的焦點，臺灣有很多優勢值得中國大陸借鏡，但更重要的是，臺灣要加緊腳步向其他先進國家借鏡才是。

5. 借鏡

農業議題牽扯廣泛，從國安到食安，從生產到消費，從內需到出口，兩岸農業交流這十年，不過從臺灣水果外銷中國大陸，起了個頭。相較於周邊國家，或是世界農業強權大國，臺灣或許微不足道，但是貿易自由化這個趨勢，打開了各國門戶，農產品在排除非關稅貿易障礙之後的自由往來，如何讓生產者與消費者同時得利，是政府體系最大的挑戰。

與臺灣農業生產規模最接近的，還是日本。不僅農民組織承襲日本的農協，生產結構方面的小農耕作，精緻化程度也相當。一九四九年國府遷臺之後，臺灣農業歷經土地改革、機械化與精緻化的三大階段，農民不再為佃農階級，初期以農業出口賺取外匯，扶植輕工業發展；後美援年代輕工業轉型為重工業的過渡階段，農村勞動力除了基本耕作之外，也投入製造工業製品，在「家庭即工廠」的政策下，影響的不僅是勞動力，還包括農地利用，演變為現今中南部隨處可見的鐵皮工廠廠房，在沒有劃設工業區的年代，工業製品取代農產品成為臺灣外匯主力。

到了上個世紀七〇年代政府大力發展資訊代工產業，IT 當道迄今，農業歷經蕭條到關稅暨貿易總協定（General Agreement on Tariffs and Trade，簡稱為 GATT）的簽訂，最著名的例子就是臺灣在美方壓力下開放火雞肉進口，引發雞農的大規模抗爭。當然，在民主化解嚴的浪潮下，農民運動興起，反思過去犧牲農業、成就工業的思維，不僅違背了「農為國本」的國家基本立場，也讓農民與政治、政黨間有更緊密的關係。

臺灣農業的優勢，在於絕對的地理位置，從高海拔的寒帶氣候，到低海拔的熱帶、亞熱帶與溫帶氣候，加上雨量適中，過去所建立的農田水利灌溉系統，在先天氣候優勢與後天基礎建設的相乘效應下，臺灣走過輝煌的農業出口導向年代，但也馬上面臨進口替代與競爭的嚴肅課題。

就農產品出口部分，特別是熱帶水果這個強項，首要是保鮮問題，其次是產品規格化的問題，最後就是產品國際行銷的整合能力；保鮮技術有賴跨領域學科的整合，產品規格化則有日本這樣的先進國家可供參考，國際行銷的成功典範則在紐西蘭。

對於農產品保鮮技術方面，臺灣的花卉外銷全球，已經有很好的技術水平，如何在這個基礎上，向上提升使熱帶水果的保鮮期延長，絕對是當務之急。除了抑制水果後熟，讓其進入休眠狀態之外，目前日本已經研發有恆溫冷藏貨櫃設備，讓生鮮蔬果的保鮮延長一倍以上的時間，成功幫助日本農產品打入中東市場；這一方面，臺灣方面需要急起直追。畢竟，中國大陸市場的成熟度越來越高，進入門檻也越來越難，除了價格因素，生鮮蔬果的賣相與口感同樣重要。

產品規格化對臺灣而言，相對而言是較成熟，也是較有自主能力可以提升的領域。以日本農產品批發市場運作爲例，生鮮蔬果的包裝有其制式規範，農民組織會要求農民嚴格遵循之外，更藉由「RFID」（無線射頻識別，又稱電子標籤）或是「紅外線條碼掃描」等IT技術的導入，簡化農產品運銷流程，也讓農民更能專注於生產面的精進，不用擔心過多的人爲操作引發的交易糾紛以及交易時間的延宕，有效提升農產品流通的速度，並且能夠同步彙整至後臺資料庫，進行大數據分析。

國際行銷一直是臺灣農產品的弱項。過去農委會經常舉辦國際研討會，最經常舉的案例就是美國香吉士與紐西蘭奇異果，政府官員也一直強調要推動臺灣的「旗艦級」農特產品，但最後成功的其實都未必是政府主動挖掘，或是給予專案輔導下而開花結果。香吉士與奇異果，原本就屬民間組織的運作，政府只是在背後給予協助，絕非站在檯面上的第一線來面對市場的高度競爭。臺灣有非常優秀的國際行銷人才，紐西蘭奇異果公司過去很長一段時間的行銷總監就是由臺灣人擔任，可見臺灣農產品在國際行銷上顯得相對弱勢，不是人才的問題，是公部門角色扮演失當的問題。

農委會國際行銷處一直將開拓日本市場列爲重點，也編列上千萬預算推廣臺灣水果與農產品，目前專案正在執行中，成效仍有待觀察。讓人擔憂的是，行政機關的官僚主義對於市場化的高度競爭，反應速度終究過慢；好消息是地方農業縣市政府早已跳過中央體系的框架，自行與日本市場對接。尤其南部民進黨執政縣市的首長，以及過去中部地區由臺中市作爲領頭羊，均紛紛由市長親自督軍，前往日本大力推動當地農特產品。

地方政府的活力與行動力，遠遠勝於中央農委會。事實上根據政府組織權責的區分，中央政府就是負責政策制定、預算編列，以及統籌與分配資源，而執行面則交給地方政府，兩者彼此分工、分進合擊。農委會必須站在制高點，擬定短、中、長程的國際行銷規劃；地方政府則根據自己的地方特色，向中央政府提出海外單品項的行銷計畫，爭取補助。在分進合擊部分，以日本市場爲例，目前農委會已經在東京委辦設有「臺灣物產館」，除了要向其他大都會區拓點之外，更應該結合地方政府資源，每季或每月以此爲據點舉辦臺灣農特產品展銷會。

目前的做法是，地方政府首長親自率隊參加每年一度的「東京食品展」，或是透過日本姐妹市、農會體系合作等管道，到單點進行單次行銷推廣活動。其實日本對臺灣的農特產品行銷推廣的做法，剛好顛倒過來；他們都是農協打頭陣，最後關頭再請出地方知事出面，到臺灣與地方政府首長進行高層會面，再把他們當地的農產品帶出場；同時，日本的海外情報蒐集是一流的，他們不僅有組織地對臺灣消費習性進行長期深入的追蹤調查，也會經常組團派員到臺灣，實際了解日本農產品在臺灣市場的實際銷售情況，以及消費者的接受程度。這種「民間帶頭、政府協助」的模式，對臺灣農產品海外市場的推廣，十分值得借鏡。

⋯⋯⋯⋯⋯⋯⋯⋯

除了從先進國家的經驗來體認自己的不足，有時也必須到相對於我們開發程度較慢的地區，實際了解有什麼可以協助，甚至避免再發生錯誤的政策方向。二〇一〇年五月，外交部所屬的財團法人國際合作發展基金會（ICDF）透過農委會發函，希望派出農產運銷專家到邦交國聖文森及格瑞那丁（Saint Vincent and the Grenadines，位於中美洲加勒比海地區）進行考察與指導，我即被公司總經理張清良指派前往；近七天的出訪，在「臺灣技術團」（Taiwan

Mission）團長的引導下，走遍該島國每一處農場與牧場，除見識臺灣過去「海外農耕隊」的遺珠之外，更看到了這個島國在過去英屬海外殖民地時期所建立的「香蕉生產基地」，因爲脫離英國殖民獨立後，面臨歐盟經濟體一體化使得該國輸往英倫三島的香蕉出口量大跌的困境，希望能借重臺灣經驗找尋合適的「出口替代」農作。

這個狀況與臺灣上個世紀香蕉輸日，後來因爲市場開放，貿易商彼此惡性競爭，加上跨國企業於菲律賓等熱帶國家海外契作，使得臺灣香蕉在日本市場全面潰敗的情況，形成原因不同，但結果完全相同。

臺灣相對幸運的是，還有一個最大市場在隔壁，但這個位於加勒比海，人口數約十二萬，土地面積比臺北市大一些的島國，在失去了香蕉這個重要外匯收入之後，對該國經濟造成的損害，可想而知。在農業爲該國重要經濟支柱的前提下，「出口替代」成爲香蕉出口衰退的唯一解決之道；不過，該國有不少的觀光經濟，因此農產品內需市場也是一個值得開發的方向。

聖文森及格瑞那丁的香蕉出口完全依據歐盟輸出標準，國際性組織也在該國推動「公平貿易」（Fair Trade）的理念，凡對勞工友善的農場，都可以在出口歐盟時獲得一定金額的補助；臺灣在這一方面，已有看到輸入農產品標榜公平貿易精神。雖然，發展中國家的生產者被剝削的特有情況在臺灣已不見，但我們的鄰居中國大陸農村，是否還存有農村勞動力不友善的情況？在未來兩岸農業交流的對話中，臺灣方面其實可以更主動呼應這樣的國際潮流與趨勢，對改善中國大陸農村勞動力的工作環境，發揮一定影響力。

二〇一一年外交部再次來函希望派出專家到邦交國聖露西亞（Saint Lucia）、聖克里斯多福及尼維斯（Federation of Saint Kitts and Nevis），同樣對兩邦交國的農產運銷與農產品出口問題，提出建言。這兩個島國同樣位於加勒比海，聖露西亞的農業發展相對較成熟，具備產銷班的運作機制，也在國際組織的輔導下推動有機農場，以及有機農產品的生產與出口；在沒有工業汙染的環境下，聖露西亞的有機農作物除了可外銷鄰近中美洲之外，更重要的是提供該國數家跨國大型度假村的餐飲需求。

聖露西亞與聖文森及格瑞那丁相同，過去都是中美洲重要的香蕉出口大國，幸運的是聖露西亞有更具優勢的國際觀光商機，多家頂級海濱度假村就已經撐起該國農產品的內需市場。同時，他們找到了自己的生產環境優勢，有計畫地推廣有機農場的設置，達成小而美、小而精的目標。

聖克里斯多福及尼維斯這個人口只有四萬多的島國，除了有日本人到此海外契作棉花之外，主要農作甘蔗在該國政府「離蔗政策」之後，我國派駐的臺灣技術團則積極輔導他們種植熱帶水果，結合大型郵輪觀光客資源，往觀光休閒農場方向規劃；此外，該國有嚴重「猴害」，根據官方統計猴群人數遠遠高於該國人數，猴群啃食糧作對該國農業造成空前威脅。

這兩個島國都是貿易全球化下的利益犧牲者，大國主導全球化的遊戲規則，小國、島國原本的經濟支柱：農作經濟作物，頓時失去市場競爭力，如果不轉型將會拖垮該國經濟。臺灣何其幸，農業生存與發展，比這些島國有相對更強的國土資源優勢面對，但農業大國大軍還沒眞正入侵，如果沒有做好萬全準備，沒有人能保證那一天到來時臺灣能挺得住。

……………………

兩次前往低度開發中國家深入考察其農業發展，雖然臺灣不可能再回到那樣的生產模式光景，但兩次考察最重要的結論就是，在全球化之下任何一個產業的榮景都是極其脆弱的，特別是農業這樣一個敏感產業；臺灣的熱帶水果風風光光了數十年，只有更強化自身的產品競爭力，更敏銳地體察國際市場競爭的變化，特別是中國大陸對臺灣農業技術長期以來的吸納，已經內化成爲他們自身的特色之後，面對中國大陸農產品來勢洶洶地叩關，絕對不能掉以輕心。

政府目前對中國大陸開放的八百三十項正面表列農產品，生鮮部分水果有兩項，蔬菜部分有九項，其餘多屬中藥材與冷凍冷藏農漁產品。接下來，中國大陸一定會針對臺灣的季節性短缺，以及產能嚴重不足的生鮮農產品，升高談判壓力。尤其是兩岸農業交流這十年下來，中國大陸對臺灣生鮮農漁產品的開放已經到了極致，中國大陸內部農民生產者的壓力也逐漸浮現；加上中國大陸經濟實力晉升與美、日、歐盟同等級，又主導 RCEP 此區域經濟組織之後，臺灣農業未來的戰略布局已經沒有太多時間可以蹉跎。

在世貿組織多次會談觸礁之後，區域經濟組織的興起，臺灣加入 TPP、RCEP 的大方向已成定局之後，農產品市場大門大開場景的出現，只是時間早晚而已！農產品市場的開放，對蔬菜受影響層面較小，水果其次，畜牧業的衝擊則最大，這些屬性不同的農產品的因應之道也大不相同。島國的香蕉、甘蔗外銷市場潰敗殷鑑不遠，日本農民強力反對加入 TPP 的意志也未見退縮，韓國民眾反對開放美牛以換取美國汽車市場的激烈街頭抗議畫面還記憶猶新之際，確實有太多值得臺灣借鏡，在保護弱勢農業與市場自由化的天秤兩端，如何做到政策平衡與利益極大化，會是臺灣農業必須面對的艱困戰場與不可迴避的任務。

第六章

終曲：剪不斷、理還亂

在農會系統立委身邊工作近三年，加上臺北農產運銷公司近六年的工作，從一個門外漢、旁觀者，逐漸踏入兩岸農業交流與臺灣水果出口中國大陸業務的核心。

十年磨一劍，除了對上述這樣的新聞事件得以有更高的敏感度，以及更精準的求證訊息管道之外，這十年的工作累積，讓自己得以建構一套兩岸農業交流與農產品貿易往來的判斷標準，也清楚掌握如何在農民、消費者、中間商三方中取得彼此利益的最大平衡與公約數。

「照顧農民」是水果政治學的核心，如果不能以農民利益爲先，任何冠冕堂皇的理由，最終一定會遭踢爆，也是對農民最大的傷害。

1. 小農心聲

在中國大陸熱銷的蓮霧、芒果等水果，對種植這些水果的小農而言，永遠不知道他們的水果賣到中國大陸是「如何被對待」。

在臺灣，農產品運銷體系永遠有中間環節，就是所謂的盤商；內銷如此，外銷依然是這樣。任何貿易公司都可以到產地集貨外銷，自由化下的結果，被犧牲的當然是小農。

站在農民的立場，他們不會聽到、更不會在意「解決臺灣農產品在中國大陸的銷售問題」這麼一個大哉問，他們只關心「自身生產的農產品送到果菜市場的拍賣價格，是否漲價或跌價？」農民在乎的是每天的所得收入，極少數農民會把眼光放那麼遠，去看遠在天邊的彩虹。

不論蔬菜、水果、畜牧養殖農產品，不就經常出現只要今年哪一種大賣大賺，隔年或下個產期就大跌慘賠，原因就在於農民看天吃飯，只要一傳出哪種農產品在市場好賣、好賺，一定一窩蜂跟進搶種。

在嘉義縣蹲點的那半個月，訪談了稻農、豬農與菜農；老農們盲目地看著其他農民這個時候種的高麗菜好賺，就跟著搶種，結果就是血本無歸。

一位當地的農運幹部表示，原本要由臺灣省政府農林廳負責統籌各縣市，再經各縣市統籌各鄉鎮農情資料的工作，因爲凍省之後省農林廳合併糧食局升格爲農委會農糧署，基層鄉鎮農會與鄉鎮區公所在沒有直屬上級與上上級單位的要求下，資料蒐集工作越來越馬虎；少了省這一層級的專責統籌協調角色之後，各個鄉鎮與縣市的農作、畜產生產資料，沒有人出面與中央協調。

當中央政府直接面對地方政府的結果，就是放任農民自生自滅。不只農業政策如此，其他像是水利、環保這種跨縣市區域的問題，少了一層統籌協調，結果都一樣就是沒人管。舉例來說，中央政府因爲高高在上的心態，自認爲是「政策制定」單位，完全不管實際情況的調處，一旦發生像是高麗菜生產過剩，因爲掌握不到各個地區的詳實生產資料，也無法在第一時間出面協調哪些地方可以繼續耕作，哪些地區應該先行根除，避免後面更大的損失。

從生產面結構來看，基層農民大一點的心願就是希望政府能夠出面規劃「農作生產專區」，在某些縣市、鄉鎮則有達到此等規劃，譬如雲林二崙的「水菜類生產專區」，或是嘉義太保的「稻米生產專區」等；小一點的心願就是，希望知道這個時候該種什麼、不該種什麼，或是只要知道鄰近鄉鎮的農民在種些什麼，他們能夠錯開產期即可。

農民對於「蔬果生產調節」的小小心願，其實是可以透過參加農會、果菜運銷合作社等組織的共同運銷，藉由資訊共享來進行，避免作物的產期重疊，同時也因為共同運銷的長期性與運費分攤，可以得到較佳的收益穩定性。

站在小農的立場與心聲，面對不確定的「產銷失衡」，最簡單的風險控管手段，就是參加農民組織，透過共同運銷體系把貨品集中運送到臺北、臺中、高雄等大消費地市場。批發市場的經營主體因為都有官方的影子，在收付款安全性上等同有政府擔保，保障性自然大於交給中盤商；同時，只要農民以生產者角度嚴格把關「農產品分級包裝」，農產品在批發市場自然能夠賣到相對應的好價格。

面對天災等不確定的大環境因素，農產品價格的波動性在臺灣這樣一個淺碟的消費市場，益發明顯；不過以蔬果平均交易價格為例，往年颱風季節出現的風災重大農損，近幾年因為全球氣候變遷因素使然，風災損害被水災取代。因為水災農損多有特定低窪、河川流域等慣性，比起風災有更多的可預判性，加上天候預報的準確性較往年提高，農民大多能在颱風警報發布前搶收蔬果作物，降低水災農損的災情。

最常出現「颱風警報一發布，消費者就有預期心理的搶購現象」，使得價格出現極為異常的波動。

以民眾熟知的大宗蔬菜高麗菜為例，近幾年每次颱風警報一發布，消費者擔心山區道路坍方，高冷地高麗菜無法運下山，或是平地高麗菜泡水農損，集體的預期心理因素作祟，使得高麗菜經常在颱風期出現動輒一顆兩、三百元的情況。有趣的是，很多農民看到這個情況又開始搶種，等到價格平穩之後產能也異常增長，然後就是價格的瞬間暴跌。此等循環農民不是不知，而是人性使然，不認為自己會是最後一隻白老鼠，總認為這波漲勢沒賺到就算虧到，要趕緊搶種賺一把。

即使臺灣農產品批發市場的運作，已經有超過四十年的經驗值，仍很難避免與控制某些農產品價格在某些特定情況下暴起暴跌；也就是說，農產品的產銷失衡其背後眞相，往往也非單純的「生產過剩」一句話就可以解釋的。

農產品價格的暴起暴跌，對消費者、農民而言絕對是個雙輸局面；雖然，自馬政府開放陸客來臺觀光以及自由行之後，來臺旅客人數飆高（從二〇〇八年迄二〇一四年，來臺旅客自三百八十萬成長至九百九十萬，中國大陸來臺旅客約占所有來臺旅客的百分之四十），連帶使得蔬果內需大增，蔬菜平均交易單價年年成長。水果部分，則受惠於食安風暴與國人飲食習慣改變，平均單價這幾年也呈現成長之勢；中國大陸瘋臺灣水果引發的出口潮，也間接帶動國內水果的末端售價。

或許很多人會質疑，這樣一個需求面不斷成長的勢頭可以持續多久？蔬果平均交易單價不斷成長，農民是否也跟著有正向連動性，收益跟著增加呢？就水果出口中國大陸此單一因素，確實會受到中共對臺政策的影響，但目前看起來政治影響市場的力道衰退，雖然中共對臺系統最高層仍持續鎖定臺灣中南部農民，但「購買」看來已非唯一且必要之手段，攏絡民心的手法只會越來越細膩，政策採購成為選項之一是可以預見的。

對臺灣農民而言，核心關鍵仍是「收益」，是「哪邊可以賣到好價錢，產品就往哪邊送」，其次才會考量這個市場的風險、穩定性等；中共對臺系統對臺灣農民的了解不能說不到位，但關鍵就在於「農民利益極大化」這個課題，顯然不是單單從國臺辦的角度，整合其內部資源就可以達成。只能說，他們發現了問題所在，也有充分的問題意識，但落實到執行面，終究與臺灣基層農民的距離十分遙遠。

再深入探討小農心聲，如果要他們表露內心的「政治傾向」，倒不如從「交朋友」的方式切入，方能眞正領會他們的立場與想法。大喇喇地一下子拉高到部長、省長這樣的高官，單單是語言隔閡就很難讓農民有太多的好感；這也解釋了鄭立中在擔任國臺辦常務副主任號稱走遍臺灣三百零九個鄉鎮，靠著就是他流利的閩南語，同樣出身閩南的繼任者龔清概於二〇一四年八月首次來臺到訪中南部，也是因爲語言因素拉近了與中南部農民的距離。

因此，「聽懂農民語言」的意義，不僅在於語言型式，內涵理解是否達到一致性，絕對會影響農民對中國大陸來臺官員的觀感。也難怪後來鄭立中卸任國臺辦副主任轉任海協會副會長之後，臺灣媒體會稱他爲「地下農委會主委」；更有甚者，某些與鄭立中熟識的基層農民，還誇獎他與臺灣農委會主委相比，更貼近基層，更懂得彎下身子、拉起板凳與農民搏感情，不像臺灣官員「下鄉視察」的吹冷氣、聽簡報的排場。

這些都是兩岸農業交流十年中，因爲對臺官員深入基層所獲的成效，確實不容抹滅其對臺「農業統戰」的用心。可見「民心」確實可以被「收買」，但不是非得靠金錢方能達成。

……………………………………

與中國大陸貿易往來有關的臺灣農民，面對中共對臺系統一波波的「攻勢」，自然有其一套相應之道。那麼，不在這個框架內的臺灣農民要如何面對貿易自由化下的農產品外銷呢？有一個極爲成功的案例，可說是另一種小農心聲！

位於臺灣雲林沿海鄉鎮的麥寮鄉，對多數臺灣人而言就是「台塑六輕」基地；但是，對熟悉臺灣農產品出口的人而言，也確實是不折不扣的「結球萵苣」（俗稱美生菜）的外銷生產基地。麥寮鄉結合崙背、褒忠、東勢等周邊鄉鎮，形成一個大的「結球萵苣外銷生產專區」。其中，最成功的案例就是「臺灣生菜村」。

前文不斷提到的「契約種植」在臺灣生菜村徹底的落實。一九九六年麥寮農會蔬菜產銷第四十七班班長郭明鑽，有鑑於麥寮地區二期稻作採收結束後，種植花生等作物並無穩定收入，決定放手一搏組合班員利用秋冬季節耕種結球萵苣。

「雲林麥寮沿海強勁的海風，讓結球萵苣成爲老天給麥寮人最好的禮物。」郭明鑽的次子郭進展，逢甲大學畢業後返鄉務農，協助父親管理產銷班裡面契作美生菜的農民，對於故鄉有特殊的情感。郭進展說，就是因爲麥寮的海風讓結球萵苣生長得更加粗壯，因此十分適合外銷出口。

經過近八年的慘澹經營，中間也不知歷經多少幾乎血本無歸的慘賠經驗，一開始因爲連鎖速食業者的契作訂單，讓他們開始嘗試「接單—生產—交貨」的企業經營，但眞正的轉型是在二〇〇四年日本麥當勞經由臺灣麥當勞的引薦，得知臺灣麥寮地區的冬季美生菜品質穩定，在日本商社的技術指導下，日方下單每週出口一個貨櫃到東京，隔年二〇〇五年每週兩個貨櫃，二〇〇六年成長爲每週四到五個貨櫃，到去年二〇一四年爲止，每年十一月到隔年四月，短短約五個月出口日本的美生菜已高達每年五百個貨櫃。

郭進展的妹妹郭淑芬，是臺灣生菜村的靈魂人物；她扮演接單的關鍵角色，也同時下到田裡、批發市場親自操作，更報名農委會的農藥檢驗專業訓練，以及農場田間管理通過TGAP、Global-GAP（全球良好農業規範）產銷履歷的認證，都是在郭淑芬手裡完成。除了日本，東南亞的新加坡、印尼、甚至韓國的美生菜市場，都是郭淑芬一人面對國內貿易商與國外買家，讓雲林麥寮成爲亞洲最重要的「冬季美生菜生產基地」。

筆者因爲業務之故，多次前往臺灣生菜村，了解這個產業從零到有的成長歷程，也深深體會到「農產品契作」的成功要件，絕對不會只有單一因素，更不是政府口號式的施政模式可以達到；還是回歸市場運作機制，哪裡有市場，產品就往哪裡銷。農產品技術本位部分，有些地方是沒有太多的門檻，但關鍵是既然做爲出口農產品，就必須吻合當地國家的輸入檢疫標準。在幾年前郭爸爸去世之後，郭進展更一肩扛下所有契約農民的管理：施肥班、農藥班、採收班，全部不假手契約農民，而是以企業化經營手段，由產銷班組成專責人力；只要發現使用非核准用藥，或不按規定偷施肥，一律拒收以確保品質。

同時，爲了讓輸往日本的美生菜可以和美國的產品競爭，郭進展也花費巨資購買「眞空預冷設施」，讓美生菜的「菜心部位」可以在最短時間內降溫到攝氏二度；去年底又完成一貫化的恆溫碼頭設施，讓冷藏貨櫃裝卸作業在十五分鐘內完成，不僅加快產品的裝卸速度，也避免不必要的「失溫」導致產品變異。郭淑芬表示，因爲這套高標準的出口作業流程，使得麥寮美生菜出口到日本東京客戶手上，即使每箱報價高於美國美生菜約一元美金，但因爲臺灣距離日本海運時間短，加上保鮮技術到位，因此送往生鮮截切場後的「製成率」可達七成，遠高於美國進口的五成，反倒讓買方成本降低，市場占有率逐年成長擴大，其背後的苦心與用心，絕非外人可以想像。

郭進展兄妹三人，大哥負責國內西螺果菜市場的國內市場銷售，二哥負責農民田間生產管理，妹妹負責海外市場開拓，三兄妹早已成爲農委會「漂鳥計畫」：年輕人返鄉務農的成功典範。

郭淑芬也多次登上農業專業雜誌或財經雜誌的專訪人物，但回歸農家子弟的身分，一路走來的點點滴滴，也讓他們永遠記得自己出生小農的這個身分，永遠記得要照顧自己鄉親的初衷。有多少人想要複製郭家三兄妹的模式，想要創造第二個臺灣生菜村的成功經驗，卻卡在太多因素，包括組成者之間的互信問題、彼此利益談不攏的問題、技術本位不足的問題、選定合適外銷出口的「旗艦農產品」不易的問題。

就如郭進展所說的，因爲外銷市場順利打開，讓美生菜成爲活絡麥寮經濟的重要活水源頭，政府固然在體制內給予補貼資助，但最重要的是他們秉持做生意最基本的「誠信」法則，對農民如此，對國外買家如此，對中間貿易商更是如此。而結球萵苣成爲一個產業鏈，成爲臺灣農產品外銷的一個指標，其實也就是在每一個環節，依循專業技術、尊重市場運作法則，不要有太多無謂的干擾與外力介入，自然形成一個「有機體運作：修正不合時宜的部分，調整爲適應市場競爭的能力」。道理雖淺顯，在主事者三兄妹堅持這個道理下，終於享受到成功的果實，也是實至名歸。

臺灣生菜村的成功範例，絕對可以寫入臺灣農產品外銷的教案，中國大陸方面也曾多次低調派員深入調研，希望從中取經，看看兩岸農業交流下的農產品貿易往來，到底有哪個環節可以借重他們的成功經驗。

中國大陸市場開放與自由化程度，畢竟無法與日本這樣的國家相比；臺灣生菜村的成功有一很大的因素，就是日本這樣成熟的市場「打入不易」，但是「站穩之後絕對會成長」。中國大陸市場充滿太多不確定性，太多的特權關卡不是一般人可以搞懂，這也是很多基層農民面對中國大陸市場如此之大，但也很少會動心起念的深層想法。

2. 水果政治學

結束了對國民黨的激情，也從媒體的旁觀者，成爲政治運作體系的一分子，進而踏入兩岸農業交流當中，各種是非糾葛，如巨大漩渦隨時有可能被捲入而身陷其中無法自拔。事後證明，如果國民黨眞的無一黨之私，眞的是站在農民立場來看待兩岸農業交流的種種，誰說這不是一個可以大搞的「革命事業」呢？進一步異位思考，中共對臺體系想要攏絡臺灣民心，想要從基層農漁民著手切入，沒有找對管道、或所託非人，站在他們眼前的盡是一些「說好話、不做事」的諂媚奸佞之人，也難怪會把這良善美意之事搞砸。

最明顯的例子就是頂新案。二〇一四年爆發的黑心油，踢爆頂新集團，魏家四兄弟成爲過街老鼠；接著，媒體爆料頂新集團在其一〇一總部大樓，安排當時國臺辦副主任鄭立中，與農委會主委陳保基見面，頂新集團表示有意願建立臺灣農產品在中國大陸的銷售管道；媒體又踢爆魏家四兄弟還派出集團執行長呂政璋進入總統府向馬英九簡報，頂新要如何藉由其集團旗下連鎖速食店與便利超商的通路，把臺灣的稻米、蔬菜和水果，打進中國大陸市場。

頂新的如意算盤是，就近在產地彰化成立「金色大地」公司專責處理臺灣農產品出口中國大陸的業務，然後運用他們的黨政高層關係，找來農委會高層背書，協助該集團在產地找尋合適的「契作農民」；另一手，透過他們在中國大陸高層關係，找來鄭立中與陳保基來個「不期而遇」，營造有利頂新操作臺灣農產品外銷中國大陸的「有利氛圍」。最終，頂新到嘉義與彰化契作的稻米、雲林採購的結球萵苣，都沒有達到當初承諾的採購數量；向農民實際求證的結果，最後成交數字不到約定的十分之一。

頂新「照顧臺灣農民」的訊息第一時間在產地間已傳開，達到了新聞宣傳效果，要不是遭週刊踢爆，農委會、國臺辦兩邊可能又會拿出來大做文章，賺得面子。

……………………

水果政治學是一種從實證過程中，逐步堆疊出從田間到餐桌的一整套工程。從政策面來看，必須充分理解國家農業政策、兩岸農業差異；也必須理解臺灣過去的農業發展歷程、現況困境，進而下到田間親自與農民透過閒話家常的過程，找出問題點，再回頭來和文字資料相比對。

水果政治學的第二堂課，是兩岸農業開始交流過程中，政治運作的鑿斧痕跡，對農民、農民團體、農作生產、農產品銷售的每個環節，所滲透其中造成的影響層面在哪裡，又會產生什麼樣的問題，需要回過頭來透過政治力的介入來解決。這期間有不當的介入，也有介入失敗的經驗，又是一種實踐過程中的經驗累積。

水果政治學的第三堂課，就是水果進出口的實務操作經驗。雖然在這個領域的涉獵只是初級程度，但因爲臺北農產運銷公司的招牌夠大，在與日本、上海有一定交往程度爲基礎，加上執行兩岸官方「水果過產滯銷」政策採購專案，同樣在農產品進出口實務累積的過程中，找到問題、解決問題，方能清楚建構一套臺灣水果面對中國大陸市場的理論基礎與經驗法則。

參與兩岸農業交流近十年光景，有趣的是「下到田間」和農民搏感情，感受土地的生命力與人的韌性及耐力；更重要的，以生產者的立場蒐集農作生產的每個環節與耕作竅門，建立完整的資料庫，方能以專業服人。

被外界指責爲「中間剝削」的中間商/貿易商，同樣在農產品進出口貿易流程中，必須有其角色扮演，如果沒有這段實務操作經驗，不僅找不出問題癥結，更無法回答外界對中間剝削的質疑。

至於最重要的市場銷售端，因爲拜工作之賜多次前往東京、上海、北京、香港等大都會區考察，也應財團法人國際合作發展基金會之聘，兩次前往邦交國實地考察，協助建立農產品進口替代與農產品運銷體系。從最成熟到最初級的消費市場的運作，全部走過一遍，才能從過去這些寶貴經驗中找到臺灣水果進入中國大陸市場的「坐標軸」，從中對應出臺灣水果的市場定位、銷售模式與行銷策略。

整套水果政治學不是政治學書本的理論陳述，而是從農民、中間貿易商、通路商、消費者、官員的交往過程中，漸次開展一套實務運作的經驗法則；當中必有不足與疏漏之處，還待後續有心人士與業內高手的補實。

⋯⋯⋯⋯⋯⋯⋯⋯⋯⋯

以中共對臺系統的角度觀之，當他們發現對臺農業讓利並沒有改變基層農民對兩岸關係的態度，因此認定唯有透過「減少中間環節」，方能讓「農民利益極大化」的結論，事實上是禁不起市場操作的檢驗。

在官方的民粹語言下，中間商自得背負起這樣的原罪與所有的過錯——貿易操作流程的中間商，與壟斷市場的買辦中間商角色，仍有程度上的不同。前者仍以服務賺取利潤，後者只為中間價差的抽佣。

當中國大陸興起臺灣水果熱潮之後，對臺灣民眾首當其衝就是「水果末端價格持續走揚」，甚或面臨中國大陸水果叩關壓力，使得食安風險控管成本增加，這些都會轉嫁到消費者身上，也是臺灣水果外銷如果不採取契作，而從市場「盲目」集貨的後遺症。

價格影響層面不只有消費者，農民也同樣面臨市場新的價格破壞競爭者。根據臺灣官方的統計資料，從二〇〇五年開始，水果的平均交易單價成長至少二倍，消費者只能默默承受，誰有沒有想到水果價格的飆漲，背後一個重要因素就是臺灣水果搶進中國大陸市場，導致供需曲線的改變所致。

中國大陸官方每次在雙邊農業部門談判時，也都一再要求臺灣政府對等開放蘋果這類臺灣沒有大量生產的水果，希望臺灣政府能夠解除管制，准予進口。

有更多的蔬菜是被管制的。來自中國大陸的蔬菜目前僅僅開放九個品項，但誰也不能保證什麼時候臺灣政府會頂不住壓力，而大幅放寬管制品項。一旦開放，市場上出現更低廉的農產品選擇，不僅是生產者必須面臨新的挑戰與競爭，消費者也必須要有心理準備，市場上已經有中國大陸進口的生鮮農產品，改天可能只會更多。

從兩岸農業交流的良性面思考，過度管制固然保護臺灣弱勢農民的生計，但也可能因此讓產業競爭力喪失了一個提升的機會。這當然是主政者在大位上必須思考的國家經濟政策走向，是朝著自由主義市場開放道路，還是必須回到保護國內弱勢產業的社會主義立場。看起來，臺灣沒有一個政黨、政治人物敢標舉這麼明顯的旗幟，清楚回答上面這個問題。

這就是兩岸農業交流十年下來，只造成了一個水果搶銷中國大陸的熱潮，其他就像是什麼都沒發生一樣；一旦這熱潮退去，也就煙消雲散！這十年功等於沒做，沒有對政策面產生一定的衝撞，找到一個破口以扭轉臺灣農業產業升級的可能性，將機會之窗就這樣關上，實屬可惜！

從市場現實面來看，只要農產品市場出現價格破壞者，自然會有生產者以「品質取勝」；懂得永續經營的農民，只要優化自身產品品質，就不用擔心外來競爭者的價格戰。面對中國大陸，甚或其他農業大國的農產品叩關，政府須做好這樣的準備，對農民做好充分的教育、輔導與心理建設，來面對隨時可能到來的衝擊——特別是，政府高層每天高喊著要加入TPP、RCEP——不管二〇一六年誰執政，這個問題終將攤牌，到底我們的農業政策在哪裡，是繼續政策保護，還是開大門走大路，不怕國際競爭？

再以目前市場銷售很成功的「小番茄」爲例——悲哀的是，還是因爲鄭立中每次來臺一定要前往看一下特殊的小番茄栽種技術，才引起媒體關注——不論是玉女品種或聖女品種，只要用心照料，口感達一定水準的小番茄，送往臺北果菜批發市場的平均批發交易價格，一公斤賣到三、四百元不是問題；消費者買到一臺斤盒裝兩百元也是稀鬆平常。如此換算，種小番茄的農民肯用心，栽種面積達一定的經濟規模，一年營業額破千萬元，不是問題。

小番茄或許是個特例。但放在兩岸農業交流過程中，對兩岸決策體系仍有很大的啟示，那就是每一項政策的擬定，首先就是要「尊重市場運作機制」，當考量生產者、中間商與消費者這三方利益時，就比較容易找到分配平衡點。

沒有這個核心基礎，只爲服務政治的經濟行爲，違背市場的自我調適機制，才會導致日後兩岸農業交流與水果外銷中國大陸，被貼上「分配不公」、「買辦壟斷」的惡名。

……………………

臺灣在上個世紀身爲亞洲四小龍，在出口帶動經濟成長的年代，農產品一度扮演吃重角色。臨近的日本與臺灣在農業技術、農產品貿易往來上的密切程度，加上日本成熟的市場交易秩序，對臺灣而言不僅是一個進步指標，更一直是重要的學習參照對象。

日本之於臺灣，在某個層面來說，就如同臺灣之於中國大陸。日本的經驗是，同樣的小農規模，相同的農民組織運作體系，可以輕易套用在臺灣；加上飲食、文化習慣的相互滲透，更讓日本農產品在臺灣的接受度，不僅不會比國產來得差，反倒是更受歡迎。

這樣的情況為何不能完全套用在臺灣之於中國大陸呢？除了生產規模不同之外，真正的關鍵還是在於這樣的經驗值太少人關注與研究，每個想把水果賣到中國大陸的生意人，第一個想到的是「關係」，而不是仰賴過去經驗值的專業判斷。

兩岸農業交流從二〇〇五年到二〇〇八年政權交替前的摸索期，經馬政權執政到二〇一一年底總統大選前，達到了高峰。再經歷二〇一三年反服貿爭議後進入冷卻期，臺灣社會終於認清了「兩岸農業買辦」存在的事實。

更由於連勝文參選臺北市長失利而引發的一連串蝴蝶效應，外界方得一窺在胡錦濤時期國臺辦執行「農業紅利」的模糊輪廓，國民黨高層在其間所扮演的隱晦角色。

水果，當然只是其中的一小部分，因受媒體關注而有其一定的代表性。除了水果，還有更多臺灣農產品，例如虱目魚，被買辦集團看上；或是，搭上買辦集團的順風車進到中國大陸市場，至今仍未停歇。習近平看起來已經知道問題出在哪裡，但迄今仍未見檯面上中共對臺系統打算怎麼改正這個現象，只能大膽預判無條件的農業讓利，大概已成絕響。

「物聯網」的興起，有可能悄悄地改變了兩岸農業十年交流的現貌，並打破過去這十年兩岸臺灣農產品銷往中國大陸的架構！

二〇一五年尾聲，從南臺灣的嘉南平原、到東部的花東縱谷平原，出現新型態的契作模式，在這些區域呈現點狀式的擴散——以進駐「天貓國際」的中國大陸境內實體公司，結合第三方生產者及入口網站，共同頂著「中國阿里巴巴集團旗下的天貓國際網路購物平臺」這個強勢通路——由天貓國際領軍，搓合中國大陸通路商與臺灣農民，藉由阿里巴巴強勢的物流與金流體系整合，直接將臺灣農產品面對十三億市場，試著省去中間一些不必要的環節。

這個新型態的契作模式，結合四位金農獎得主，以花蓮玉里米、臺中霧峰米的包裝禮盒，搶攻特定節慶的商機爲試點起跑；「廈門（天貓）龍門果棧」直接到高雄市燕巢區與當地農民合作，租用台糖土地開設「臺灣多蜜能量火龍果合作農場」，將紅肉火龍果直銷中國大陸；未來，還會有什麼新品項被天貓國際的電商看中，還有多少年輕農民被圈入這樣的新契作模式，都值得後續觀察與追蹤。

臺灣方面，則陷入總統大選的紛擾，農業議題自然不會是媒體關注焦點，政治人物對此也就不會有太大興趣了。

農民，依舊維持社會地位的弱勢者角色，但也一再被放大在對臺統戰系統的核心位置。

從馬克思的無產階級理論解讀，臺灣農民還沒有眞正成爲一個階級，要成爲具有「自爲意識」階級，在當今臺灣社會氛圍下已不可能採行馬克思理論，以政黨政治鬥爭爲手段達成，但馬克思的徒子徒孫中國共產黨，如今卻想要以「金錢手段」取代「政黨意識」來換醒農民的自爲階級意識，改變其對民進黨的支持，進而轉向靠攏贊成統一的國民黨，可說是徹底失敗。

在金錢資本主義的遊戲場中，國民黨在一九四九年丟掉中國大陸江山之前，可是箇中老手。六十年後，國共再次合作，以農民爲統戰對象，以金錢取代階級鬥爭，最終的獲利者就是熟悉金錢買辦操作的舊國民黨勢力。

以習近平大力打貪的力道，國民黨若想繼續結合共產黨內腐敗分子行買辦壟斷之實，這樣的操作長期來看是否有未來，大有疑義。二〇一六年臺灣總統不管是誰，面對一個大權一把抓，又想要統攬所有對臺工作的國家領導人，如何藉力使力，或找到以小搏大之道，都不是件容易的事。

臺灣明年新總統上任後，如果能徹底把過去兩岸交流，包括農業在內所造成的陰暗面一掃而淨，不是壞事，也不是件難事，更能爲兩岸交流重新寫歷史，絕對是功德一件。

沒有人會否認兩岸關係以經貿、文化爲始，最終仍是政治問題解決。唯有認清這個事實，兩岸農業交流也好，臺灣農產品、水果銷往中國大陸也罷，都不能違背「經貿背後的政治因素」這個道理而行。檢證兩岸農業交流的各種面向與成果，必須以站在臺灣農民利益爲根本作爲判斷基礎，這個政治目的是否達成，才是臺灣水果所能承載之重！

「水果政治學」所付出的代價，對臺灣、中國大陸兩邊而言，不可謂不大。如果兩岸農業交流互動可以化約爲「兩國」經貿往來框架，那麼或可排除不必要的「政治」因素干擾。但是，兩岸關係的複雜性，使得原本單純的農產品貿易往來，最終不得不回到政治解決。臺灣水果外銷中國大陸，或中國大陸有心解決臺灣農產品的銷售問題，終究沒有因爲政治力的介入而得到太多答案，反倒是越幫越忙。

3. 反思：回歸市場機制、尊重消費者導向

初期涉入兩岸農業交流時，因太多專業性的不足，使得很多交流流於形式。但隨著情勢全面開展後，這十年間不但得與國民黨的官僚體系交手，也要和共產黨的對臺系統過招。

在轉戰臺北農產運銷公司之後，因爲實際負責臺灣水果外銷中國大陸與兩岸農產品進出口的工作，更多時間是扮演「剎車皮」的角色，奉勸有意從事臺灣水果外銷中國大陸的臺商、友人，不要輕舉妄動，更不要只看到美麗的願景，卻忘了眼前的荊棘與陷阱。

就有臺商在中國大陸經營汽車零組件有成，後結識中國大陸太子黨、官二代，這名臺商在這些朋友遊說下認爲臺灣水果生意是一塊大餅，決定親自操刀臺灣水果出口中國大陸的生意。經過半年多的磨合與溝通，有天他突然問我：「水果營業額一年可以搞個幾億元嗎？」

我婉轉地告訴他，如果以汽車零組件的營業額與獲利數字來衡量，臺灣水果大概連這個數字的零頭都不到。

對一位事業有成的臺商，出發點如果是爲了回饋農民、鄉里，行有餘力來幫故鄉的臺灣農民，拓展中國大陸的外銷市場，絕對值得大家鼓勵。但是，這必須有一個前提就是，不是每一筆生意都能獲利，且獲利數字也絕非有暴利空間。

類似我這位臺商朋友的背景，有投資臺灣水果外銷中國大陸的必要嗎？當然每一筆生意都存在風險，但最後他仍認清了一個事實，就是他並沒有那麼多的時間可以親力親爲，執行每一個臺灣水果出口中國大陸的流程：從採購、運送到銷售。

……………………………………

舉例與臺灣農業關係最密切的日本來說，不要說臺灣的農民團體組織架構沿襲自日本，早年兩岸沒有開放的年代，臺灣農產品，特別是水果的輸出，都是以日本爲第一目標。因爲兩邊政府的市場開放程度相當，農業技術也慢慢拉近之後，加上民眾熟悉彼此產品的特性，這需要政府部門的協助，從產品的檢疫認證到市場推廣行銷，有了這些基本功，臺灣對於日本農產品的接受度當然很高。

以這樣簡單的例子說明，如果臺灣自認爲在技術、市場、銷售都略勝中國大陸一籌，不就如同日本要把它的水果賣到臺灣一樣；日本當年對臺灣用什麼「經濟手段」達成今天遍地都看到日本水果，臺灣之於中國大陸市場，不也就是這麼一個操作模式嗎！

這中間有一個比較基準點的不同，就是臺灣土地耕作面積太小，農糧自足率嚴重偏低，雖不能完全抄襲、比照日本對臺灣的模式，但當中有一點很重要的就是「尊重市場機制」這個基本的經濟學原理，卻在這十年兩岸農業交流中，幾乎被眾人遺忘似地不曾存在。

所幸這個十年過程中，還是有農民清楚認知這個道理，就如本書所介紹的臺東果菜運銷合作社理事主席沈百合，在沒有任何政府協助、補助的情況下，隻身到中國大陸開拓鳳梨、茂谷柑市場，就是準確掌握了「尊重當地市場機制」這個道理而成功。

失敗的對照組就是被國民黨所「豢養」的一群。以爲連爺爺的光環無敵，可以忽略經濟學法則的市場供需原理，把臺灣水果往中國大陸「倒貨」，就能賺大錢；甚至，連基本的生產量都不管，以爲拚命輸出就有錢賺。

一位國臺辦局級長官在參訪過程中曾私下感慨：「臺灣方面一窩蜂地把水果往我們這兒銷售，如果導致你們市場價格拉抬了，不就讓本地消費者買貴了，豈不還不知是否眞正照顧到農民，就已經得罪了廣大市民這個族群！」

這一針見血的觀察，就是體驗了當一個單純「互通有無」的雙邊貿易經濟行爲，被冠上了太多的「政治符號」之後所必須承擔的苦果。臺灣方面固然早已傷痕累累，中共對臺系統爲了「農民讓利」，或是爲了體現所謂的「三中一青」當中的中南部農民統戰工作，不也吃了不少悶虧，而得不到效益呢？

因爲有政治目的的包裹，所以兩岸農業交流一直無法「正常化」；這是一個弔詭（paradox）——沒有政治目的，兩岸農業起不了交流的意圖；摻雜了政治，農業交流的目的卻達不到。

站在臺灣的立場，在能忽略其「對農民統戰」的政治企圖下，可以做什麼？此外，在考慮對岸的政治目的時，我們政府又可以做什麼？這兩個大哉問，從陳水扁到馬英九的農業官員，給的答案剛好是兩極化：前者死命阻擋，後者拚命開放！

……………………………

改變自己的經營模式，以符合中國大陸市場的特殊遊戲規則與需求。在兩岸農產品貿易往來當中，不斷被提出試驗；其中，最常被討論的就是「把臺灣水果當成節慶禮品來銷售」。

這個模式，不僅見諸媒體文章討論，也眞的有不少臺商靠著這樣的訂單，在中國大陸市場打出一片天來。但操作年節禮品市場，會遇上臺灣與中國大陸高端消費者同時搶貨的問題，水果並不如生產線機器可以全天候開機生產，高端品質的水果又易受天候等外在因素影響。尤其是，在習近平上臺後力主打貪禁奢，過去送禮不眨眼的習慣早已銷聲匿跡，大大打擊送禮市場，連帶臺灣水果送禮的生意，也就越來越難。

這又是一個中國大陸「市場不正常化」的例證。整個中國大陸經濟體系的運作，存在太多這樣的潛規則與潛在風險，即使如臺商這麼理解、深入中國大陸市場，面對像臺灣水果這樣的送禮市場生意，也沒幾個人有本事能繼續玩下去。

另一個也被廣泛探討的銷售模式，就是「臺灣下單、大陸取貨」；在初始階段，提出討論的不少，實際試驗的成效，也較其他銷售模式來得收益較高。當中，比較成功且初具規模的就是擁有上海銷售據點的元祖食品，靠著他們在上海紮根多年的通路，確實曾經把這樣的模式操作得有聲有色。臺灣水果熱潮消退太快，以「臺灣」爲名作爲水果銷售的唯一手段，遇到上海這樣一個超級喜新厭舊且都會性格強烈的市場，元祖最終並沒有撐起太大的市場。

高檔禮品、異地取貨的模式，在馬英九政府全面開啟與中國大陸交流之後，全都因爲兩岸交流過度傾向大財團在中國大陸的既得利益，不得不自然退場。前文所述的二〇一四年選前鬧得沸沸揚揚的頂新案，就是明證。

個體戶隻身前往中國大陸，找尋臺灣水果生意夢，最著名的就是媒體曾報導過的雲林縣有一對兄弟檔，先後前往北京最大的「北京新發地果菜批發市場」，開設臺灣水果盤商，第一年進臺灣水果，第二年生意慘敗賠光本錢，第三年破釜沉舟改進口美國加州櫻桃，結果大賺上千萬人民幣。

類似這樣一頭栽進賣臺灣水果的案例，不勝枚舉，更不要說那些搞房地產、搞生技、搞製造業的老闆，可能連一筆生意都沒做成就鎩羽而歸。

不過，就中國大陸市場的人口基數，若確實能掌握「弱水三千、只取一瓢」的精神，不是獨占市場的心態，而是深入掌握分眾、小眾市場的需求，以臺灣水果的精緻與口感，確實能有機會站穩市場的一隅。但回到現實面，前面所提的各種銷售模式，不管從哪個角度來看，仍然忽略了一個最大的問題，那就是：到底哪些才是臺灣適合外銷的水果、農產品？更深入探討，就是哪些品項在中國大陸市場有競爭力？

另一個被忽略的是，臺灣整體農產品的自足率約百分之三十三，水果雖然有適當的產量可以出口，但不要忘了有更多的水果是仰賴進口。以最受歡迎的日本青森富士蘋果爲例，一個冬季進口上千個四十呎櫃到臺灣，根本不是問題。這十年來臺灣水果受兩岸農業交流而暢旺，但到底哪些水果應該轉爲「出口導向」，或是哪些水果在「進口替代」下必須輔導農民轉作其他農作，迄今並未見農政單位提出整套的戰略規劃。

農產品在質與量的控管上，顯然從扁政府到馬政府都是失職的。因爲政府缺乏戰略眼光，沒有站在第一線替農民找出具市場出口競爭性的產品，讓臺灣水果在中國大陸的名聲每況愈下；因爲農地欠缺整體性的規劃與運用，使得產能的穩定性一直無法解決，也連帶影響農產品品質的優化。

如今馬政府口口聲聲要以加入TPP、RCEP爲職志，不管後續繼任者是誰，相信也很難推翻一個由美國主導、一個由中國大陸主導的區域經濟合作組織。但大家都忽略了，果眞臺灣順利加入這兩個重要組織，所要付出的農業犧牲代價有多大。在農產品出口這一端，政府的不作爲已經讓我們看破手腳，等到臺灣門戶整個大開，全世界農產品大舉入侵的時候，豈不宣告臺灣農業走向終點的一天？

……………………………………

情勢確實有可能如此悲觀發展。撇開政府，是否還有什麼路徑、思維，可以解套？答案就在每天每個人的餐桌上！

回答這個問題之前，再把場景拉回到兩岸農業交流。這十年之中，中國大陸當地政府大搞「臺灣小吃、臺灣農特產品一條街」，當中規劃有臺灣水果專櫃，也有所謂的把整條臺灣夜市小吃搬過去。

這樣的作法，既不符合當地市場銷售模式，也因爲中國大陸幅員廣大，農產品的運輸補給線拉得太長，使得管銷成本加大，這樣的經營模式最終也都以失敗坐收。但眞正的原因，是沒有掌握中國大陸的飲食習慣，和臺灣這邊的差異性，這才是問題關鍵所在。

也就是說，如果臺灣中小企業活力充沛、幹勁十足，又充滿冒險犯難的精神，可以套用在本書所提到的各個外銷成功案例的農民身上的話，在面對國外農產品的競爭，相信會有更多的人跳出來，反向將臺灣好的東西賣到國外——這中間一定有農產品的出口。因此，剩下來的問題就是，身爲消費者的我們，可以爲臺灣農業做些什麼？在面對可能到來的市場開放衝擊，消費者又該起身做些什麼？

答案就在餐桌上！如果，任何一個進口的生鮮農產品、加工食品，到了臺灣的通路上架，但卻得不到消費者的認同，這樣的商品一樣也會退出市場。而消費者的認同，就是「飲食習慣」。

若反向操作，臺灣的農產品到中國大陸，也可以透過行銷手段、透過各種試吃手段，以烹調方式爲媒介，讓消費者習慣與接受臺灣農產品的吃法，征服消費者的胃，就能征服這個市場。

二〇〇五年連戰首次到北京，帶去大批的生鮮水果，當時陪同的中共國務委員吳儀就說，他對臺灣蓮霧的印象最深刻了，因爲口感特別好！就這麼一句話，臺灣蓮霧紅遍中國大陸；但也因爲紅過頭了，臺灣人在海南島種的蓮霧，把市場占了，然後中國大陸的消費者買了說：「不過也如此嗎！蓮霧有這麼好吃嗎？」這個故事說明了東西買賣要靠宣傳，但賣吃的東西除了宣傳還得「對味又對胃」。

再以蓮霧爲例。臺灣消費市場接受度不甚好的子彈蓮霧、巴掌蓮霧，卻在中國大陸、香港，比我們熟悉的黑金剛蓮霧還熱銷。就是因爲口感不同、市場區隔，成功打出一片天。眞有什麼竅門，靠的就是複雜又沒有公式可以套用的「餐桌工程」。從最前端的產地，到最末端的餐桌，水果如何上桌，最重要的關鍵就是消費者的接受度；總結一句話，吃得習不習慣，這個最簡單的道理破不了，其他也就枉費。

還有一個具體例子，就是上海人不愛吃番石榴。番石榴也就是俗稱的芭樂，特別是高雄市燕巢區所產的珍珠芭樂最爲著名，幾乎成爲臺灣餐桌上必備且最爲常見的水果之一。可惜，在臺灣這麼受歡迎，又有風味特色的水果，在二〇〇五年之前就有農會系統自行到上海舉辦珍珠芭樂促銷會，只因上海人一句「不甜、沒水分」，此後，再也沒有人有辦法把這麼好的水果成功打進上海市場；爾後，有上海人不放棄，還以戲謔的口吻說：「在臺灣吃芭樂都要沾梅子粉，依我看『賣梅子粉，送芭樂』可能更容易在上海打開市場。」

這就是不對市場胃口。但也足以證明，眞正好吃的頂級高雄燕巢出品的珍珠芭樂，一公斤要價上百元的等級，上海消費者沒幾個吃過；所以，消費者才會存有那種錯誤印象，認爲芭樂要沾梅子粉才好吃，也說明了征服消費者的胃，對農產品銷售有多麼的重要。

……………………………………

葡萄柚則是另一個有趣的銷售案例。同樣在上海，臺灣中秋前後盛產的葡萄柚，在上海賣得火熱，除了有農產品銷售的「反季節差」效應之外，正好趕上上海人有錢了，開始重視養身，而葡萄柚又是被認爲是對降血糖很有幫助的水果。

不過，葡萄柚在上海可以大賣，還有另一個原因是價格。臺灣葡萄柚的盛產期，剛好補了北半球美國、南半球南非兩個主要葡萄柚生產國的空檔；也就是說，葡萄柚因爲這兩個農業大國的強勢外銷，價格低廉，如果以臺灣葡萄柚生產成本來計算，根本不可能賣到國外市場還有價格競爭力。

剛好，臺灣民眾在濫服成藥的效應下，與葡萄柚不能同時服用，大大降低了臺灣消費者的接受程度，市場價格一落千丈。就在這個當下，上海市場的出現，讓敏感的出口商看到了商機，把價格相對低的葡萄柚，以高於市場平均批發交易單價整批收購，再交由中盤商分裝外銷，形成了一個封閉的產業鏈，也因此莫名打開上海市場。

從農民角度，確實是上海市場救活了他們；但從政治角度審視，葡萄柚從來就不在「政治關注名單」之列，所謂的葡萄柚農民，更是少數中的少數，也就不會是對臺系統官員的關愛對象。

葡萄柚外銷上海成功的案例，只是再次說明了兩岸農業交流過程，太多的政治干擾與介入，凌駕市場運作機制之上。農民不在乎水果賣到哪個國家，只要有人願意出好價錢，現金交易整批買走就可以。

從這個故事又再次暴露農委會官員的「無力」，似乎比每一個農民都還來得嚴重。葡萄柚一開始就被嘉義梅山的溫義作所統包，後來有其他貿易商自組體系分食市場，葡萄柚的價格確實掌握在農政官員眼中的「盤商」手中，而不是政府法令規範下的蔬果批發市場交易平臺，農民的利益是否被低估、是否被剝削，官員看在眼裡、急在心裡，想要解決卻無能為力，此等無力感回過頭來，才搞清楚原來是中國大陸市場救了臺灣葡萄柚農。確實，每個旁觀者，與農委會官員一樣無力；但市場機制就是如此，如果遵循市場法則，以及價格形成背後的一隻無形的手，相信農產品的「產、銷、消」問題，回歸問題原點後，要找到答案也就沒有那麼複雜與困難了！

……………………………………

經過十年的兩岸農業交流，確實到了一個分水嶺；找出一條正確的方向，才不致治絲益棼，這是兩岸主事者必須嚴肅面對的。兩岸都站在對農民有利的立場看待這件事情，互有同理心、包容心，兩岸農業交流才走得下去。臺灣不必自我設限，要對自己的農民有信心，不必過度擔心中共對臺的農業統戰；相對的，中國大陸不必昧於現實而想要以金錢收買農民的心，這是最下下之策。

回到十年前的原點，不同人馬、各路英雄好漢，不約而同看到了當時兩岸情勢的演變，把目光焦點放在農民、農業、農產品身上。當時認爲找到了方向，用對的方法，十年下來，才發現卻是千瘡百孔，當務之急是釐清這十年以來，有什麼樣的累積值得保留，又有哪些弊端非除不可；務實面對兩岸農業交流所造成的弊端，才不會讓後遺症繼續擴大。

放在大歷史下，十年時間根本微不足道，可以說這十年只是兩岸農業交流的一個起點，未來要開啟的道路還很寬廣，中國大陸的三農問題，臺灣有沒有什麼可協助之處，不管基於利益，還是基於兩岸一家親，或是意識形態對立下所謂的「兩國」人民往來，中國大陸與臺灣一海之隔，實力如此不對稱，幅員如此不成比例，在各種形式的交流往來過程中，農業仍絕對可以起「潤滑劑」之效——畢竟誰都不能否認，兩岸同文同種，飲食生活習慣總體差異不大，農產品作為民生必需品，互通有無、互享其利，兩岸農業合作絕對是一條正確道路與方向。

「農為國本」的大前提下，以臺灣目前仍掌握比中國大陸略為進步的農業技術，加上農產品生產運銷架構的成熟性與穩定性，一定能在兩岸交流的舞臺上扮演重要的角色。

臺灣方面無須鎖國主義，擔心技術外流而喪失競爭力，而應該主動出擊把好的技術輸出，影響中國大陸的生產結構、消費模式，甚或飲食習慣，創造中國大陸依賴臺灣農業的戰略格局，而不只是臺灣得依賴中國大陸市場的依存關係。

未來，不論國民黨繼續執政，或民進黨重新上臺，都不能迴避兩岸農業交流這十年所遺留的痕跡，不論執政者視之為資產或負債，都得概括承受。如不能站在第一線以捍衛臺灣農民權益為核心價值，積極構思臺灣農業要如何面對來自全球的挑戰，為未來臺灣農業擘畫下一個十年、二十年，那麼這十年兩岸農業交流也就一切歸零。繼任者想再重新找尋新路來推砌這樣的架構脈絡，勢必困難重重，這會是對臺灣農業未來發展，以及兩岸農業交流最大的傷害。

永遠記得二〇〇五年到北京拜訪的那趟陌生旅程，最後一站到達曾經是中國大陸農業部所屬國企的「中國綠色食品公司」；一進他們公司大門，就看見才一個月前連胡會上的那句「解決臺灣農產品在中國大陸的銷售問題」，已經用金屬銘字大大地橫批掛在迎賓大廳的牆面上。我被這樣一個極小但細膩的畫面震懾，才一個多月不到時間，他們就已經把總書記的重要談話掛上去；宣傳一向是中共的最強項，如果我們面對這樣的交往對手，不僅沒有敵手概念，甚至還抱著瞧不起的心態，將是多麼可怕的一件事啊！

見微知著，從這麼一個小地方，絕對有讓我們找出更多他們可敬佩之處。希望兩岸農業交流的未來，臺灣方面也能從這個小小畫面中找到一絲的啟發與撼動；當有一天我們的最大潛在敵手中國大陸，把我們拋在老遠之後，我們再發出自求多福、自生自滅之嘆，也都爲時已晚了！

後記

本書付梓前，兩岸領導人於新加坡的歷史一握，體現兩岸交流已進入歷史新局，也讓本書回顧的這段兩岸農業交流十年史，畫下句點，心中不免多有感觸；但，正所謂「萬山不許一溪奔，攔得溪聲日夜喧，到得前頭山腳盡，堂堂溪水出前村。」此刻心境，莫過於此！

這本書的寫作，有感於自己誤闖農業相關工作，十年後卻在沒有預期心理準備的情況下被迫中止。這個「暫停鍵」的出現，讓我有時間沉澱、整理；既然十年是一個基數，從二〇〇五年到今年二〇一五年屆滿十年，決定把自己親身經歷有關兩岸農業交流的工作內容與意見看法加以整理；而本書初稿有幸通過「卓越新聞獎基金會」的審查，並資助出版，也讓這段兩岸的交流得以成冊，在此特別致謝基金會的獎勵與協助。

下筆決心書寫此書，是受媒體好友、現任職端傳媒的資深記者李志德所鼓勵。志德兄在兩岸新聞採訪上術有專長，從軍事、政治，到社會觀察面，特別是近幾年兩岸間政治風雲下不被重視的人物故事，更是他著墨的重點；多次在立法院附近咖啡廳，受志德兄的啟發與鼓舞，認爲我在兩岸農業交流上這段獨特的實務經歷，有記錄之必要，方有勇氣提筆撰寫這十年兩岸農業交流的歷程與祕辛。

志德兄不僅多次幫忙整理書稿的結構，還熱心安排我與中研院吳介民老師訪談，讓我更加清楚這本書的寫作方向與內容；在此，也一併感謝吳老師的撥冗與不吝指導，同時也得感謝包括前陸委會主秘詹志宏、國民黨發言人楊偉中、玄奘大學助理教授杜聖聰等人，特地爲文推薦。

十年前，在自立晚報老長官、立法院參事王耀德的推薦下，有幸進入國民黨農業不分區立委白添枝的國會辦公室工作，開啟了我對農會系統的人際網絡建立與理解；更感謝高雄市農會總幹事蕭漢俊，帶著我多次深入北京、上海、山東等地，最後還推薦我給全國農會總幹事張永成，方得以進入臺北農產運銷公司，讓我有機會進一步銜接農業領域工作，接受新的挑戰。

進入臺北農產運銷公司近六年時光，前半段時光，如沒獲得當時總經理張清良的充分授權，自公司高司參謀作業歷練起，讓我在最短時間內熟悉這家四十年老公司，最後把貿易部交到我手上，並後續完成農委會交辦的三千公噸水果採購的收尾工作；此一個核心業務不僅讓我視野大開，也因從事國際貿易工作之故，多次前往日本考察，甚至短期外派至邦交國，了解小農體制下的農產運銷體系。此難得的在職學習經驗，讓自己有機會從各個不同角度，反思各種不同狀況下的農產品產銷問題。

十年的農會與農產公司工作，認識許許多多產地農民、產銷班長、理事主席、總幹事、理事長，要感謝的人太多，就不一一陳述。但，賴錫堯、溫義作、枋山農會阿卿姐、大樹荔枝農民阿順伯、永來叔、燕巢農會總幹事蕭富綿、燕巢農會李邦清、六龜農會總幹事邱蘭英、高開公司總經理謝忱勳、嘉利果菜生產合作社理事主席周文欽、日本福岡大同青果株式會社舒天勇、上海 City Super 採購經理方敏、廈門林董、香港 Kenneth Lee，以及農產公司不方便寫出你們名字的長官、同事們，因爲你們無私地給我經驗與建言，讓我這個農業門外漢敢挑大樑，沒有這群良師益友們，本書無法完成。

中時的建陵、聯合的克倫，因爲你們從旁精準解讀，讓我對中國大陸權力運作與兩岸事務的氛圍掌握，不致有太大偏差。崑玉、凱民、裕程、蓓蓓、岳陽、永豪，和許許多多不一一點名的政治圈、媒體圈好友們，感謝這一路走來的切磋砥礪。淞山哥、百達兄，以及媒體大姐大敏鳳，因爲你們的引薦讓我有機會得以在今日導報網路媒體，以兩岸農業交流爲題撰寫評論，累積了本書的理絡與筆力；沒有今日導報幕後功臣郭兄，也就少了這幾年重要的磨練。

最後，感謝我內人月妹，在我這十年工作間，幾次轉換工作跑道的「顛沛流離」期間，扮演我最重要的精神與經濟支柱；特別是在農產公司那段經常待在產地、出國不在家時刻，你得一人照顧年幼小女的辛勞，在此致上最深謝意。沒有你的默默付出，我也沒有辦法累積如此寶貴的實務操作經驗。

這本書必須獻給我的家人：父親、母親與二位姊姊。家父自小給予我最大的開放與容忍，家母則默默承受我在職場上高度不穩定所帶來的緊張與壓力，僅以這十年對兩岸農業交流的紀實，獻給已高齡八十六歲仍持續不斷閱讀、書寫的父親大人，以及永遠給予我最大關愛的母親大人。

附錄

附錄一

許信良先生二〇〇四年兩岸農業交流訪問團成果報告

【摘錄自許信良先生網站】

壹、前言：

二〇〇二年臺灣加入世界貿易組織 WTO 後，農產品價格平均降了三至四成，農民和其他中小企業一樣，想著轉業與轉投資的出路。至二〇〇六年，又將有一百三十四種以上的產品要開放進口，對農民打擊更大。大陸是最靠近臺灣的最大的經濟體與市場，我們沒有理由不接觸，也沒有辦法逃避其影響。因此，在立法委員選舉期間，我們希望兩岸關係及農業問題，能成爲被認眞討論的問題。爲了臺灣農民的出路，我們希望在二〇〇六年以後，臺灣的農產品能合理的銷往大陸，也希望大陸方面會打擊到臺灣農民的農產品不要傾銷臺灣，是一種互利的交流，不是惡性的競爭。

貳、訪問成果：

一、會見大陸分管農業的副總理回良玉及國臺辦主任陳雲林、農業部長杜青林時，獲得回應：即二〇〇六年 WTO 擴大農產品貿易後，大陸生產的稻米、蔬菜、水果不要大舉入臺，而臺灣沒有生產的玉米、大豆、小麥能向大陸進口，以降低生產成本。

二、二〇〇四年十二月開始，臺灣向大陸出口的水果，由原有的柚子、檳榔、芒果、楊桃、蓮霧五種水果、再開放七種即芭樂、棗子、桔、木瓜、荔枝、香蕉、鳳梨，共計十二種。

三、上海市臺商協會及農業委員會，皆達成共識，願意在臺灣水果進口大陸後，協助促銷，雙方可以組成工作小組對口單位。

四、市原訂二〇〇六年成立國際農產品交易及展售市場，願意提前在二〇〇五年先與臺灣辦理交易展售平臺，並會召集相關貿易商前來採購。

五、農產品與大陸的交易，原則上由臺灣最大的農民組織農會爲對口單位，農會經營的盈餘有百分之六十二必須回饋給農民，與農會爲對口單位，亦可嘉惠臺灣農民。大陸的對口單位在北京爲農業部所屬之中國綠色食品總工司，在上海爲上海市政府農業委員會。

參、結語：

我們人數雖然不多，但卻能讓大陸方面從中央到地方都認眞對待，座談對象包括國臺辦經濟局、農業部、商務部、海關總署、質檢總局等相關人員。充分感受到大陸方面的誠意，能夠溝通獲得初步的回應，我們很安慰。我們願意和工商業及各界共同爲突破三通障礙而努力，共同創造雙贏局面。也歡迎任何人用任何方式，在任何時間，爲臺灣農業及農民找出路。

附錄二

中國大陸官方對臺灣水果「登陸」政策開放歷程

【摘錄自中國大陸網站所彙整之公開新聞訊息】

二〇〇四年十一月「兩岸農業交流訪問團」訪問大陸取得的五項成果，包括：從二〇〇四年十二月開始，臺灣向大陸出口的水果，由原來的五種開放到十二種。

二〇〇五年二月國臺辦表示大陸將積極促成臺灣農產品在大陸銷售。

二〇〇五年二月臺灣省農會理事長古源俊介紹說，大陸已同意臺灣的十二種水果，四月間可以免稅、專案綠色通關方式進入北京、上海市場銷售。

二〇〇五年三月在上海的臺商收到通知，大陸方面同意除原有的十二項水果外，再開放臺南哈密瓜和檸檬進入大陸。

二〇〇五年三月臺灣省農會理事長古源俊透露，四月十六日將有第一批臺灣農特產品參加廣交會。廣交會提供五個攤位給臺灣業者，希望能打響臺灣農特產品的名氣。

二〇〇五年四月由海峽經濟科技合作中心、海峽兩岸經貿協會、臺灣省青果商業同業公會聯合會共同主辦，名稱是「二〇〇五北京——臺灣精品水果新聞發布及品嚐會」，十三日上午在北京翠宮飯店二層多功能廳舉行。

二〇〇五年五月受中共中央和國務院的委託，五月三日上午，中共中央臺灣工作辦公室、國務院臺灣事務辦公室主任陳雲林在上海宣布，擴大開放臺灣水果準入並對其中十餘種實行零關稅。

附錄三

關於一九九〇年代起兩岸農業交流的事件簿：以臺灣、海南省為例說明

【摘錄自海南省對臺研究機構網站資料】

臺灣方面，一九九〇年就公布對海南實行農業漁業的技術援助計畫。從一九九二年開始，臺灣來瓊進行農業交流的人員逐年增加。一九九三年，臺灣「國家統一委員會研討委員」、前臺灣「農委會」秘書長黃正華一行來瓊進行農業技術考察。一九九四年，臺灣「農委會」委員毛育剛一行應邀來瓊參加「海南現代農業發展研討會」。一九九五年上半年，臺灣省農會理事長簡金卿率團來瓊。

一九九五年底，臺灣農村發展基金會執行長、前臺灣「農委會」主委王友釗率「海南農

業示範園」一行六人來瓊。一九九六年，由臺灣省農會總幹事廖萬金率領的十三個市縣農會三巨頭一行三十六人和由臺灣省農聯社理事主席林岵屺率領的考察團相繼來瓊。

一九九七年三月，臺灣前農林廳廳長許文富來瓊；七月，王友釗再次來瓊，隨行的有臺灣著名農經博士、財團法人「農村發展基金會」副執行長塗勳。據初步統計，除臺商自行來瓊考察外，截止一九九七年上半年，僅海南正式組織接待的來瓊考察交流的臺灣重要農業團組達二十多個。特別是，僅一九九七年一到七月份，就接待了七個團組。

海南方面，一九九六年初，省農業廳廳長翟守政率農業考察團一行五人首次赴臺交流，取得成功。同年十二月，省長助理韓至中率領由省臺辦主任、瓊海、屯昌、三亞等市縣分管農業的領導組成的海南農村經濟學術考察團赴臺交流。到一九九七年，海南赴臺考察交流的農業團組已達五批。

在學術研討、培訓講座方面，一九九四年由瓊臺專家學者爲主在我院舉辦了「海南現代農業發展研討會」。一九九五年由海南省科技廳主辦，在海口召開了「瓊臺農業科技合作研討會」。一九九六年由臺灣十大農家之一戴丙丁先生主講的「瓊臺農業科技蔬菜種植培訓班」開課，同年十月臺灣農會賴信雄、劉松齡應邀來瓊，先後在海口、瓊山、三亞、儋州等地進行農業技術巡迴講座。

一九九六年，中國（海南）改革發展研究院常務副院長遲福林提出「實行瓊臺農業項下的自由貿易」的政策建議，並在一九九七年「第六屆海峽兩岸關係學術研討會」的大會發言中，對瓊臺農業項下自由貿易的政策要點進行了闡述，在一九九八年二月「中華經濟協作系統」第四屆國際研討會上，進一步提出了「關於實行瓊臺農業項下自由貿易的十點建議」，所有這些探討在臺灣學術界引起了反響，並得到臺灣有關人士的重視。

附錄四

連胡會新聞公報（二〇〇五年四月二十九日）

五十六年來，兩岸在不同的道路上，發展出不同的社會制度與生活方式。十多年前，雙方本著善意，在求同存異的基礎上，開啟協商、對話與民間交流，讓兩岸關係充滿和平的希望與合作的生機。但近年來，兩岸互信基礎迭遭破壞，兩岸關係形勢持續惡化。

目前兩岸關係正處在歷史發展的關鍵點上，兩岸不應陷入對抗的惡性循環，而應步入合作的良性循環，共同謀求兩岸關係和平穩定發展的機會，互信互助，再造和平雙贏的新局面，為中華民族實現光明燦爛的願景。

兩黨共同體認到：

——堅持九二共識，反對臺獨，謀求臺海和平穩定，促進兩岸關係發展，維護兩岸同胞利益，是兩黨的共同主張。

——促進兩岸同胞的交流與往來，共同發揚中華文化，有助於消弭隔閡增進互信，累積共識。

——和平與發展是二十一世紀的潮流，兩岸關係和平發展符合兩岸同胞的共同利益，也符合亞太地區和世界的利益。

兩黨基於上述體認，共同促進以下工作：

1. 促進盡速恢復兩岸談判，共謀兩岸人民福祉。促進兩岸在九二共識的基礎上盡速恢復平等協商，就雙方共同關心和各自關心的問題進行討論，推進兩岸關係良性健康發展。
2. 促進終止敵對狀態，達成和平協議。促進正式結束兩岸敵對狀態，達成和平協議，建構兩岸關係和平穩定發展的架構，包括建立軍事互信機制，避免兩岸軍事衝突。
3. 促進兩岸經濟全面交流，建立兩岸經濟合作機制。促進兩岸展開全面的經濟合作，建立密切的經貿合作關係，包括全面、直接、雙向三通，開放海空直航，加強投資與貿易的往來與保障，進行農漁業合作，解決臺灣農產品在大陸的銷售問題，改善交流秩序，共同打擊犯罪，進而建立穩定的經濟合作機制，並促進恢復兩岸協商後優先討論兩岸共同市場問題。

4. 促進協商臺灣民眾關心的參與國際活動的問題。促進恢復兩岸協商之後，討論臺灣民眾關心的參與國際活動的問題，包括優先討論參與世界衛生組織活動的問題。雙方共同努力，創造條件，逐步尋求最終解決辦法。

5. 建立黨對黨定期溝通平臺。建立兩黨定期溝通平臺，包括開展不同層級的黨務人員互訪，進行有關改善兩岸關係議題的研討，舉行有關兩岸同胞切身利益議題的磋商，邀請各界人士參加，組織商討密切兩岸交流的措施等。

兩黨希望，這次訪問及會談的成果，有助於增進兩岸同胞的福祉，開闢兩岸關係新的前景，開創中華民族的未來。

附錄五

二〇〇五年臺灣省農會首次與中國大陸商務部談判內容紀要（二〇〇五年六月二十三日）

壹、會談過程：

臺灣省農會（以下簡稱「省農會」）於今年六月十三日，接受中國大陸海峽兩岸經貿交流協會（以下簡稱「海貿會」）的邀請，代表團一行十一人在理事長劉銓忠率領下，於六月廿二日中午出發至北京，當日晚間九點鐘抵達，隨即受到中國大陸高度重視與高規格接待，海貿會副會長唐煒親自接機禮遇通關外，並派出專車接送劉理事長，且由該會副秘書長王世明全程陪同，展現大陸方面對省農會此行的高度重視。

臺灣省農會理事長劉銓忠，與海峽兩岸經貿交流協會常務副會長王遼平，率領雙方磋商人員，於六月廿三日上午於中國大陸商務部談判大樓，針對臺灣水果銷往大陸零關稅事項，展開事務性磋商。會談過程中達成多項共識，大陸方面以民間團體的身分，具體承諾與授權由臺灣省農會負責水果產地證明與檢驗之具體工作，避開當前臺灣執政當局的政治打壓，免除省農會之困擾；並由王常務副會長於適當時間，統一對大陸媒體發表磋商結果。

當日下午，兩邊事務性工作人員繼續針對上午的共識，展開長達三小時的磋商，達成多點結論。針對臺灣水果銷往大陸之產地證明如何發放、檢驗工作如何落實，省農會與海貿會磋商代表，也都取得一致的共識與結論。

當日會談結束之後，由海貿會榮譽會長安明（商務部副部長）、會長李水林與相關人員，於長安俱樂部宴請省農會代表團一行人。六月廿三日離開北京前夕，理事長率省農會代表團一行人前往農業部、國臺辦致意，並針對未來兩岸農業未來交流事項，交換意見。當日晚間省農會代表團一行人於北京欣葉臺菜餐廳，回請大陸海貿會等相關成員，圓滿達成任務。

此次臺灣省農會能夠順利達成目標，完全依據連主席今年五月訪問大陸「連胡會」的成果展開，省農會也依據連主席的指示與院長期待全力以赴。一旦臺灣水果銷往大陸零關稅措施實施，省農會必會貫徹本黨意志，全面主導此項工作之開展，將能迅速拉近本黨與中南部農業縣市民眾的距離，也更強化本黨對臺灣農民照顧的成效。

貳、臺灣省農會代表團名單：

劉銓忠　臺灣省農會理事長、立法委員
白添枝　臺灣省農會常務監事、立法委員
張永成　臺灣省農會總幹事
張麗善　立法院立法委員
潘俊傑　臺灣省農會國際部國貿課長
蕭漢俊　高雄縣農會秘書
黃安生　高雄縣農會電腦小組召集人
陳豪潭　立法院立委劉銓忠國會辦公室主任
焦　鈞　立法院立委白添枝國會辦公室主任
江欣澤　立法院立委白添枝國會辦公室助理

參、大陸方面會談代表名單：

王遼平　海貿會常務副會長／商務部臺港澳司司長
張寶竹　海貿會理事／財政部官員
曲萌　海貿會理事／國臺辦經濟局處長
唐煒　海貿會副會長／商務部臺港澳司副司長
孫兆麟　海貿會秘書長／商務部臺港澳司處長
朱駿　海貿會幹事／商務部臺港澳司副處長
楊濤　海貿會幹事／商務部臺港澳司研究員
胡漢湘　海航會理事長
唐敏　海關學會會長
康強　海關學會理事／海關總署關稅徵管司副司長
盧厚林　檢驗協會理事／質檢總局副司長
刑力　檢驗協會理事
高志方　檢驗協會理事／質檢總局副處長

張利強　中國檢驗公司　董事長
李永華　海農會秘書長／農業部臺辦副主任

肆、會談結論：

一、檢驗部分：

（一）水果檢驗論品項不論貨櫃，多少水果品項裝箱在同一貨櫃，就得出具多少張檢驗單據。香港中國檢驗有限公司人員由當地派駐，省農會將全力配合。

（二）省農會協助中國大陸檢驗部門，推薦優良之水果產地果園、果農、包裝廠、裝箱監控等。

（三）由省農會單一窗口受理出口大陸之臺灣水果檢驗工作，與香港中國檢驗有限公司派駐臺灣人員，共同出具正副本檢疫文件。

（四）先行由省農會去函邀請中國檢驗有限公司派駐香港人員，到臺灣產地實際進行初期了解。

二、海關部分：

（一）原產地證明，須具備電子文件與書面文件兩種。
（二）中國海關總署與臺灣省農會雙方，共同確認原產地證書之文件格式。
（三）臺灣省農會之印鑑證明、簽證員之簽章樣本，交付中國海關總署認證。
（四）水果運輸中轉香港與澳門第三地需出具「未加工證明」。
（五）研議臺灣水果輸出大陸，是否可於裝箱貨櫃外加封有臺灣省農會字樣之「封條」以為辨識，減少通關流程。
（六）盡快由兩地雙方電子計算機技術人員，完成電子連網的工作。

Excellent
財團法人卓越新聞獎基金會
The Foundation for Excellent Journalism Award

卓越新聞獎書系

「卓越新聞獎基金會」以促進新聞專業倫理、獎勵優秀新聞人才，提升新聞品質為宗旨。透過各類獎項之評審與頒發、舉辦新聞倫理相關講座及研討活動，以及獎助資深記者出版著作，為臺灣新聞倫理及新聞專業建立標竿。書系至今已出版 21 本專書。

捍衛正義——烏山頭水庫保衛戰

朱淑娟 ｜ 2014-07-01 ｜ NT$350

一場長達十年的小村莊反掩埋場革命

一個台灣環境史上最感人的公民行動

一個遠離城鎮、人煙稀少的小村莊，數百年來村民以種植龍眼、柳丁爲生。有一天，在村民不知情下，台南縣政府通過在這裏蓋垃圾掩埋場。爲了保護家鄉，替子孫留下一片淨土，村民齊心努力，展開長達十年的反掩埋場抗爭行動。

村民的堅強意志感動許多人，包括環保團體、學者、律師、檢察官、甚至無法曝光的公務員，紛紛加入搶救行動。寫下台灣環境史上最重要、難度最高、最具啓發性、也最能傳承環境運動專業、無私精神的一場運動……

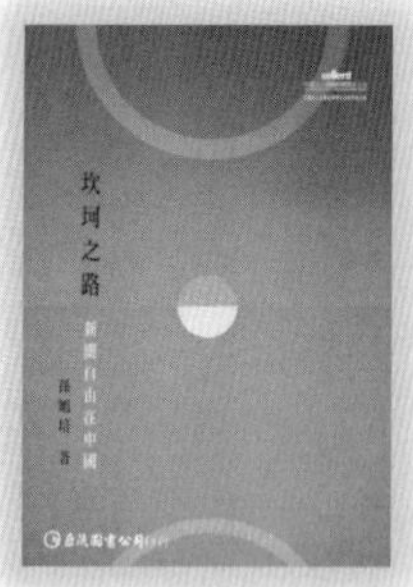

坎坷之路：新聞自由在中國

孫旭培｜2013-12-06｜NT$500

中國在經過半個多世紀新聞自由的歷史以後，進入六十多年不提新聞自由的歷史階段。本書著重在挖掘其歷史原因和現實困境，總結實踐中新聞自由發展的積極因素，展望新聞自由的未來。全書的重點：一是研究中華人民共和國成立後的27年，高度集權制的新聞業爲禍愈演愈烈的原因及其嚴重後果；二是研究改革開放三十多年來市場經濟、民主發展對新聞自由的呼喚和實踐的初步回應，並進行理論分析和實踐對策研究。

傳媒關鍵概念：傳媒素養教材

卓越新聞獎基金會 主編｜2013-09-01｜NT$280

傳媒／資訊深深影響了當代教育和公民生活，然而臺灣各級學校公民通識課程，尚缺乏適用的教材讀本。本書特別採用主題概念法，像百科全書一樣，匯集當代傳播學界公認的重要傳媒概念，分成26講次方便學生瞭解傳媒本質。

每一講次都包含了「基本觀念」、「學者的回應」、「問題討論與作業」三部分。編者很榮幸邀請到國內11所大學的20位新聞傳播領域教授，參與、撰寫「學者的回應」，大大增加了本書的在地適用性，非常值得大家一讀。

看千帆過盡——一位省政記者的憶往

王伯仁｜2013-03-28｜NT$500

這本書記載了台灣省議會和省政府在二戰終結後的成立和運作，直至1998年精省爲止，約略五十多年的政治史、社會史、經濟史……的小切面。雖多是吉光片羽，也非全面觀照，卻有許許多多的報紙漏網遺珠，如不儘量予以塡缺補漏。日後勢必堙沒不彰。作者謂不揣鄙陋，勉力回憶過去二十多年來的點滴，匯成回憶之流，離「圓滿」十萬八千里，盡個人愚悃之力而已，至於大方如何評價，敬謹接受。

好新聞，大家踹共！

卓越新聞獎基金會 主編｜2012-09-01｜NT$200

在政治、財團、和市場機制的惡性競爭之下，民眾對新聞的信任度大幅下滑，到底大家心目中的好新聞是什麼樣子？本書收錄卓越新聞獎基金會於2012年主辦「好新聞，大家踹共」活動得獎作品，並廣邀新聞學界與新聞工作者提出他們對好新聞的看法，再由八位卓越新聞獎得主推薦實際新聞案例，勾勒好新聞的樣貌，加上傳播學者所提出的好新聞質化評量指標作爲註腳。本書爲新聞教學提供可貴的田野資料，並幫助新聞專業者找出努力的目標，描繪出臺灣社會對好新聞的願景與期待。

豐盛中的匱乏：傳播政策的反思與重構

媒改社、劉昌德 主編 | 2012-06-20 | NT$430

新科技帶來新機會，卻無法自動成爲解放力量。面對傳播新科技，過去學界分析多半集中在傳播內容形式的改變，而國家政策規劃則多半以提升產値爲中心。在媒體 科技推陳出新的豐盛表象下，公民的傳播權利是否因此提升，欠缺足夠的分析與規劃。這樣的「匱乏」，促使媒改社重回傳播領域中的規範性研究，反思「傳播權」的意義與落實的可能性。本書是由媒改社成員將研究與社會實踐結合，探討及分析傳播相關主題，包括公共媒體發展、商營媒體的結構與內容規範、與傳播內容產業 的提升等面向，並提出政策建議以供行動者參考與討論。

新聞，多少錢？！探索置入性行銷對電視新聞的影響

劉蕙苓 | 2011-08-01 | NT$350

《新聞，多少錢？！》這是個問號，也是個驚嘆號；新聞應該是不能販賣的，但臺灣新聞界近十年來卻因置入性行銷盛行，使得新聞的買賣成爲不能說，卻不能不做的公開秘密。本書深度訪談了三十位電視新聞工作者，並透過他們報導業配與專案的經驗，將實務中的新聞置入形式進行系統性的分析，並藉由媒介常規與新聞專業性理論的對話，反思置入性行銷對電視新聞界的影響。

說聞解字

彭家發｜2011-06-01｜NT$650

本書共分三個單元。第一個單元是「說聞」，是從日常媒介得來的我見、我思和我感的新聞；當然，也有借題發揮的—但還都是講媒體與媒介議題。第二個單元是「解字」，也大部分取材自媒介、尤其是印刷媒介裡，值得談、可以談的字和詞。所引的經典，或許稍為古雅，不過，即使跳過這些「古文」不看，其實也可以了解篇中內容的。第三單元是「附篇」，也就是與說聞、解字相關的種種增補。

新聞守望人：記者生涯四十年

胡宗駒｜2010-12-01｜NT$280

作者希望透過這本書告訴一般讀者，一名負責任的記者在知識的取得還不像現今那麼方便，新聞傳播工具還不如現今那麼快捷有效的情況下，如何克服許多困難達成記者的使命，又是如何在一次又一次的新聞競爭中，以及每一分鐘都是截稿時限的要求下，把新聞呈現在閱聽大眾的眼前。同時，作者也希望藉著這本書告訴有志從事新聞工作的後起之秀們，趁著還在校或剛起步的機會，努力多方充實自己，為即將面對的任務作好準備。

面對真相、即刻行動：台灣減碳紀事

卓越新聞獎基金會 主編；卓亞雄 審校

2010-03-01 │ NT$350

近年來地球暖化、海平面上升、冰山融化、氣候異常等名詞越發頻密的出現在生活裡，國人對地球的暖化問題漸有感覺，但卻仍以爲危機甚遠。2009年莫拉克颱風重創台灣，立刻讓民眾強烈感受救台灣、救地球要立刻起步，再慢就沒機會了。接下來的焦慮，是該做些什麼？能做些什麼？這樣做對嗎？

本書闡述地球傷勢正在惡化，國際上救地球的行動有哪些問題需要克服；提醒我們，不管目前國際定論爲何，現在開始做就對了。若能心存救地球的意念，從生活中的每個環節做起，自然會發現並發揮一己救台灣、救地球的力量。

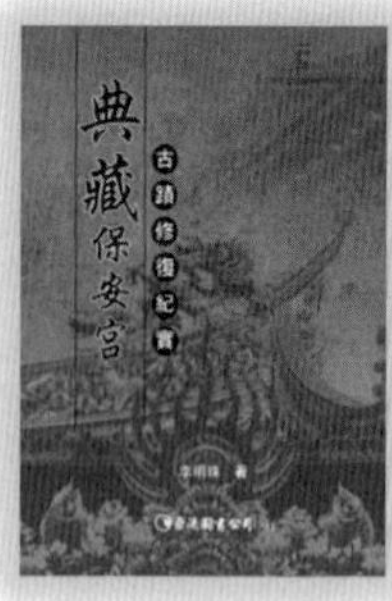

典藏保安宮：古蹟修復紀實

李明珠 │ 2009-12-01 │ NT$600

第一部紀錄台灣古蹟修復過程的紀實文學。

第一部見證老廟風華再現名揚世界的著作。

本書作者整理長達七年的電視採訪筆記，將台北保安宮曲折艱辛的修復過程與豐富的藝術性和文化內涵，透過文字敘述做更完整紀錄，希望爲台灣古蹟保存現況與努力，做最佳歷史見証，並對我國文化資產的保存有所貢獻。